SABA's KITCHEN
萨巴厨房

元气素食

萨巴蒂娜　主编

中国轻工业出版社

目录 CONTENTS

卷首语：爱吃一口素　　007
让素食更好吃的调味酱汁　　008
如何正确有效地清洗食材　　012
如何保留食物本身的营养　　016

计量单位对照表
1 茶匙固体材料 =5 克　　1 茶匙液体材料 =5 毫升
1 汤匙固体材料 =15 克　　1 汤匙液体材料 =15 毫升

凉菜 ① CHAPTER

凉拌素什锦
018

凉拌豇豆
020

魔方泡菜
021

梅渍圣女果
022

手擂茄子
024

彩椒雪梨拌苦瓜
026

蔬菜芥末刺身
027

麻酱凤尾
028

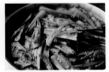
香椿拌豆腐
030

黄瓜面筋
032

豆皮金针卷
033

和风冷豆腐
034

凉拌腐竹
036

泡椒花生
038

凉拌菠菜
040

傣味小木耳
042

凉拌桃仁豌豆苗
044

沙姜脆马蹄
045

桂花糯米藕
046

蓝莓山药泥

048

五彩拉皮

049

川北凉粉

050

狼牙土豆

052

泰式青木瓜沙拉

054

热菜

CHAPTER 2

手撕圆白菜

056

浇汁香菇油菜

058

宫保杏鲍菇

060

椒盐炸平菇

062

黑椒烤口蘑

063

蒜蓉粉丝金针菇

064

香菇炒荷兰豆

066

清炒蚕豆

068

茭白炒三丝

069

荷塘小炒

070

糖醋藕夹

072

干锅有机菜花

074

家常豆腐

075

鱼香日本豆腐

076

云南老奶洋芋

078

东北乱炖

080

地三鲜

082

酱烧小土豆

084

剁椒蒸小芋头

085

紫苏黄瓜

086

口味山药

088

素蚂蚁上树

090

酸辣小炒藕尖

091

素丸子

092

洋葱圈

094

印度茄子咖喱

096

日式关东煮

097

时蔬天妇罗

098

素烧冬瓜

100

红烧萝卜

102

香煎西葫芦

103

金沙南瓜

104

赛螃蟹

106

秋葵蒸水蛋

108

小炒金银蛋

109

莴笋炒鲜百合

110

黄花菜炒木耳丝

112

主食 CHAPTER 3

雪花素锅贴

114

玫瑰花锅贴

116

四喜素蒸饺

117

家常葱油饼

118

花环素馅饼

120

春饼

122

素炒饼

123

杂粮窝头

124

杂酱凉米线

126

酱油炒饭

127

番茄焖饭

128

翡翠炒饭

130

瑜伽饭

132

豉油皇炒面

134

豆角焖面

135

手鞠寿司

136

田园风光素比萨

138

番茄意大利面

140

粥养
汤生 4 CHAPTER

百合木瓜汤

142

陈皮绿豆沙

144

薏米红豆粥

146

南瓜枸杞小米粥

147

紫薯牛奶燕麦粥

148

八宝粥

150

山药小米粥

151

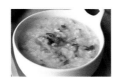

青菜粥

152

美龄粥

154

酸辣汤

155

冬瓜薏米汤

156

南瓜浓汤

158

番茄土豆汤

159

青瓜竹荪汤

160

竹荪红枣银耳汤

162

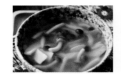

杂菌汤

164

荸荠银耳汤

166

玫瑰红糖桃胶羹

168

甜品

CHAPTER 5

草莓大福

170

青团

172

椰子奥利奥冰激凌

173

椰汁桂花糕

174

杨枝甘露

176

芋圆龟苓膏

178

水果寿司

180

美式煎饼

181

玫瑰鲜花饼

182

南瓜芝麻球

184

奶酪焗红薯

186

木瓜冻

187

双皮奶

188

芒果糯米饭

189

爱吃一口素

我不是一个只吃素的人。我是金牛座，贪吃与好色是我的本性，永远放不下美食，也永远爱吃肉。

但，素食那么好吃，我又怎么会排斥。

番茄炒蛋是我心中永远的王后，超越任何菜式。只要桌上有这道菜，别的菜我都可以不放在眼里。任何人做的我都爱吃，无论你放不放葱、蒜、生抽、料酒、蚝油，无论做法古色古香、中西合璧还是别出心裁，只要有番茄和鸡蛋。

红烧茄子，放大量的蒜（最好是独头蒜），来点糖和酱油，烧得红亮诱人，再来一大锅蒸得有点干的米饭。我爸爸做这道菜的时候还会放大料，增添一种肉的味道，我觉得也好吃。茄子蒂是我很爱吃的部分，每次我都会挑着先吃。

《厨子的故事》里我写过蓑衣黄瓜，其实蓑衣黄瓜最好吃的是那层皮。妈妈每年都会自己在院子里种黄瓜，吸收了太阳精华，不放任何化肥与农药的黄瓜，白口吃都很清香。

还有嫩白的豆腐，撒上细细的小香葱，放点生抽和香油拌一拌，然后用勺子挖着吃，放不放皮蛋尽可随意。偶尔我还会加一点切碎的四川榨菜，那滋味，你试试就知道。

每年最必不可少的毛豆与花生，并不是在盛夏，而是在初秋。因为那个时候豆子与花生才开始肥美。昨天嘴馋，买了一次花生，用盐水煮了吃，花生很是新鲜，既有花生的浓香，又有季节累积的自然芬芳，吃在嘴里，鲜嫩而又实在。

所以，我建议你一年吃一个月的素。如果做不到，就一个月吃一个星期的素；如果还做不到，就一周吃一天的素；如果还做不到，就一天吃一顿的素；如果还是做不到——那就学学我好了，每顿都有素！

多么美好的生活呀！

高欣茹

萨巴蒂娜
个人公众订阅号

萨巴小传：本名高欣茹。萨巴蒂娜是当时出道写美食书时用的笔名。曾主编过五十多本畅销美食图书，出版过小说《厨子的故事》，美食散文集《美味关系》。现任"萨巴厨房"主编。

 敬请关注萨巴新浪微博 www.weibo.com/sabadina

让素食更好吃的调味酱汁

所有的酱汁都是为菜品服务的。一道美味佳肴，除了用料新鲜、烹调得法
之外，若能佐以合适的酱料，则是锦上添花。

芝麻酱

酱料比较浓稠，味道中除了芝麻的
浓香外，酱的口感也非常细腻，铺
满舌尖。与一些味道很清淡、清香
的蔬菜搭配做成凉菜，不论蘸着吃、
拌着吃都非常适合，例如拍黄瓜、
油麦菜等。其中的生抽和盐用来调
节咸度，可根据口味酌情增减，同
时也可以用清水来将芝麻酱调制为
自己认为合适的稀稠程度。

用料
芝麻酱∶生抽∶白糖∶盐∶水 =2∶1∶0.5∶0.5∶5

做法
01 将芝麻酱盛入碗中，分次加入凉开水顺一个方向搅拌，使芝麻酱均匀化开。
02 调入生抽、白糖、盐。
03 搅拌至无颗粒感即可。

醋蒜汁

这是一款非常开胃的调味酱汁，尤其是在食欲不振的夏天里，用醋蒜汁做上几道凉拌小菜非常解腻，百搭的醋蒜汁也可以用来拌面或拌凉皮。不喜欢蒜味太重的，可以适当减少蒜蓉的比重，适量添加一些姜蓉、辣椒圈，也可以有更丰富的口感。

用料

蒜蓉：食用油：盐：生抽：香醋 =2：1：0.5：2：2

做法

01　大蒜拍扁，捣成蒜泥。

02　1汤匙食用油烧热，浇在蒜泥上烧出香气。

03　调入生抽、醋和盐拌匀调味即可。

云南蘸水

看似简单随意，味道却各有千秋。不论蘸水是干或湿，必不可缺的打底调料是盐和干辣椒面。嗜好辛辣的人可以多加些花椒粉、胡椒粉，喜欢香酥口感的还可以加上花生碎和芝麻，当地人怕上火还会放上几勺切碎的折耳根。调味的权利下放给了食客自己，蘸多蘸少，全凭人意。

用料

辣椒粉：花椒粉：胡椒粉：盐：白芝麻 =1：0.1：0.1：0.5：1

做法

01　辣椒粉放入碗中，加入适量花椒粉与胡椒粉。

02　加入少许盐和白芝麻，混合均匀。

03　可直接粉状蘸食，也可加适量高汤调成液体。

沙姜汁

不同于生姜的辛辣呛口，用沙姜做成的酱汁有一种特有的清甜味。酸爽的青柠檬代替常规的香醋来调味，更凸显了这款酱汁的清新气质。沙姜在粤菜中使用很广泛，做白切鸡、白切猪手都可以用这款酱汁来调味。当然，即使是用来作为水煮茼蒿、水煮荸荠等素食的蘸料也是非常好的。

用料

沙姜 : 青柠檬 : 海鲜酱油 = 1 : 1 : 2

做法

01 沙姜洗净，切成细末。加入海鲜酱油调味。

02 青柠檬切开，根据口味挤入柠檬汁。喜辣者可将朝天椒切圈，加入酱汁中。

椒麻汁

椒麻汁是川菜中的调味代表，与荤菜拌食可以起到很好的去腥提鲜的作用，例如椒麻鸡丝、椒麻肚丝等。对于喜爱椒麻汁的素食爱好者来说，豆制品是非常适合搭配椒麻汁的食材，豆制品不平滑的表面更容易吸附调料，吃起来非常入味。

用料

花椒粉 : 香葱 : 生抽 : 香油 : 白糖 : 盐 = 1 : 1 : 1 : 1 : 0.5 : 0.5

做法

01 香葱洗净，切成细末放入碗中备用。

02 加入花椒粉、白糖、盐。

03 再加入生抽、香油拌匀即可。

谷物类

如大米、绿豆、黄豆、薏米等。

谷物在收获、加工、运输等过程中，不可避免地会产生大量的混合粉尘。谷物的壳、皮、沙土等杂质都可能会附着在谷物的表面上。如果煮饭或煲粥，通过浸泡和搓洗就可以轻松洗去这些杂质，若需要干燥的谷物如炒制花生、磨绿豆粉等，就可以采用纱布擦洗的办法（见右侧具体步骤）。

具体步骤

01 将所需的豆子倒入盘中，挑出品质不佳的豆子。

02 取一块干净的纱布，用水打湿后拧去水分。纱布摸上去有些潮湿即可。

03 将豆子倒在纱布上包起来，来回揉搓几下。再将豆子倒回盘中，重复几次直至纱布上没有粉尘就好了。

如何保留食物本身的营养

大家经常会有这样一种感觉——"一入厨房深似海。"做饭是一门生活的艺术，这门艺术不仅讲求色香味俱全，还要求最大限度保留食物中的营养物质。

大多数的食材经过加工、贮存和烹饪，都会不同程度损失一部分营养成分。因此想要从食物中获取尽可能多的营养成分，不仅要合理搭配膳食，更要学会合理保存、加工和烹饪食物。

1. 食材保存

花椒、干辣椒、大米、挂面……这是每个家庭的厨房里都常备的食材。这类食材由于水分含量低，非常耐放，即使长时间存储也不会变质，但是营养却在以我们肉眼看不见的方式不断流失。

花椒、干辣椒等调料的香气容易挥发，应该放在密闭的容器中，存放在避光阴凉处最佳。

谷物和挂面等食材中主要富含 B 族维生素，其在存储过程中会因光照、温度等环境因素的改变而流失，因此这类食物最好放在不透明的容器里，避光保存。

新鲜的蔬菜易腐烂，最好随吃随买。若一次购买太多无法吃完，一定要保证蔬菜上没有任何水分，然后用干净的纸巾将蔬菜包起来放在冰箱的冷藏室里。低温保存的方法可以大大减缓维生素流失速度。

2. 食材加工

烹饪前的切配环节也很重要，生的蔬菜中可能存在细菌、农药残留、草酸过多等问题，如果要生食最好选择绿色有机蔬菜。蔬菜中含有的维生素多数都是水溶性的，所以在处理食材时应尽量遵循先洗净、再汆烫、再切开的顺序，以免营养元素在汆烫时从切口处流失。

汆烫的水应该尽量多一些，并在水滚沸后再下入食材。这样食材下锅后水温不会马上降低，能缩短汆烫时间，保留更多营养成分。

水中加少许盐和食用油，并在捞出后立刻浸凉，这样能让蔬菜显得更绿、口感更清脆。同时盐和油还可以在一定程度上阻止水和蔬菜的接触，减少水溶性营养物质的溢出，并降低空气和光线对蔬菜的氧化作用。

3. 健康烹饪

相对于煎炸来说，"蒸"是一种很好的烹饪方式。蒸菜靠蒸汽来加热，温度只有 100℃，且蒸汽的穿透力强，食物熟得快，营养物质可以较多地保留下来。

"煮"也是一种少油低脂的健康烹饪方式，但煮的食物会有大部分的水溶性营养物质溶解在汤中，最好连汤一起食用。

"炒菜"讲求快速，质地脆嫩容易熟的食材如荷兰豆、圆白菜、青椒最适合大火快炒。只要控制好油温，在油快要冒烟但还没有冒烟的时候放菜最佳。有些人为了节省时间喜欢提前将菜炒好，然后在锅里温着等待家人，这样不仅会影响菜品口感，更会使营养大打折扣。

营养均衡不长胖
凉拌素什锦

烹饪时间 20分钟
难易程度 中等

特色

好多种蔬菜搭配在一起，色泽鲜亮，口感多样，是一道非常经典的素食小凉菜。

做法

1 银耳和腐竹用温水泡发。

2 将银耳撕成小朵，腐竹斜刀切成菱形块。

3 菜花冲洗干净后用小刀削成小朵，淡盐水浸泡5分钟。

4 胡萝卜、莲藕洗净去皮切成薄片，西芹斜刀切成菱形块。

5 花生米洗净放入小锅，加适量盐、花椒煮熟后捞出备用。

6 所有蔬菜备好后，起一大锅水，加适量盐和少许食用油烧开，分别下蔬菜焯水，颜色稍有变化即可捞出过凉水。

7 将所有食材充分沥干水分。

8 加入盐、白糖、香油拌匀，喜欢吃辣也可以加入辣椒油。

—— 主料 ——

银耳	1朵
腐竹	1根
胡萝卜	1根
西芹	1根
花生米	适量
菜花	1/2朵
莲藕	1根

—— 辅料 ——

花椒	适量
香油	少许
盐	适量
白糖	1茶匙
食用油	少许

烹饪秘笈

所有食材拌好后，存放在冰箱冷藏半小时后再吃，口感更加爽脆，也更加入味。在沸水中滴入两滴食用油可以防止蔬菜过分氧化并保持更鲜亮的颜色。加入1茶匙盐可以减慢蔬菜中的维生素扩散到水中。

营养贴士

这是一道营养全面的菜肴，多种蔬菜及豆制品的完美搭配可以满足人体多方面的健康需求。

脆嫩鲜甜
凉拌豇豆

烹饪时间 15分钟
难易程度 简单

主料

豇豆 1把

辅料

大蒜 2瓣　　　　酱油 1汤匙
姜 1片　　　　　醋 1/2汤匙
小米辣 1个　　　盐 适量
食用油 适量

烹饪秘笈

长豇豆不宜烹调时间过长，以免造成营养损失。

特色

简简单单的烹饪方法，最能品出食材原本的鲜甜味道。

做法

1 豇豆洗净，择去两头的老筋。

2 将豇豆切成3厘米左右的长段

3 起一锅水，加适量的盐和食用油。

4 水开后下豇豆焯熟，若喜欢绵软的口感，可适当延长焯水时间。

5 待豇豆变色后捞出，过凉水，装盘备用。

6 姜、蒜剁成泥，辣椒切小圈。

7 姜蒜泥、辣椒圈与酱油、醋调匀后，淋在豇豆上，将适量油烧热淋上即可。

特色

只需一点点耐心，用搭积木的方法就能做出餐桌上亮眼的小菜。

爽脆开胃
魔方泡菜

烹饪时间	30分钟
难易程度	中等

主料

白萝卜▮1个　　胡萝卜▮1个
青沙窝萝卜▮1个

辅料

小米椒▮两三个　　白糖▮2汤匙
泡椒▮200克　　　盐▮适量
白醋▮2汤匙

烹饪秘笈

泡菜一次可以多做一些，放在冰箱冷藏，每次取用时用干净的筷子夹取。

做法

1 将三色萝卜洗净去皮，切成长宽高各2厘米的立方块。

2 加盐拌匀，静置半小时，待萝卜里的水分析出。

3 准备一个干净的容器，将萝卜与小米椒、泡椒一同放入。

4 根据喜好，适量加入白糖、白醋、盐与泡椒水混合均匀。

5 若泡椒水未能盖过萝卜表面，再加入适量白开水，盖上保鲜膜入冰箱冷藏。

6 食用时取出不同颜色的萝卜块，摆好魔方造型放入盘中。

素净浅渍小菜
梅渍圣女果

| 烹饪时间 | 15分钟 |
| 难易程度 | 简单 |

特色

用话梅腌渍的圣女果，酸酸甜甜，富含番茄红素，很适合在食欲不振的夏天食用。

—— 主料 ——

圣女果	500克
话梅	10颗

—— 辅料 ——

冰糖	10克
柠檬	1/4个

做法

1 圣女果洗净后用刀在底部轻划十字。

2 在开水中滚30秒后，捞出浸入凉水。

3 轻轻沿十字裂口剥去外皮，放凉备用。

4 话梅和冰糖用水煮开，待冰糖溶化后关火晾凉。

5 将话梅和冰糖水倒入密封罐，放入处理好的圣女果，挤入柠檬汁。

6 放入冰箱冷藏后食用。

烹饪秘笈

也可在每个圣女果上划一刀，塞入一条梅肉，腌渍过夜，风味更佳。番茄红素遇光、热和氧气容易分解，烹调时应避免长时间高温加热。

🌢 营养贴士

圣女果中含有丰富的维生素，作为水果生吃，可以起到美白皮肤，促进胃液分泌的作用。

爽口细腻快手菜
手擂茄子

烹饪时间 **20分钟**
难易程度 **中等**

特色

通过捶的方式让茄子充分吸收了酱汁的味道，在餐桌上让客人亲手参与制作这道菜，好玩又好吃。

主料

长茄子	1个
青椒	1个

辅料

香葱	1根
芝麻	1茶匙
蒜	2瓣
酱油	1汤匙
蚝油	1/2汤匙
盐	1/2茶匙

做法

1 青椒洗净，用厨房纸巾擦干水分。

2 平底锅开最小火，将青椒煎软，两面微焦。

3 长茄子洗净，去掉顶部的蒂，对半剖开。

4 将茄子用锅蒸熟，水开后大约10分钟，筷子能轻松穿透即可关火。

5 茄子晾凉后用手撕成条，放入钵中。

6 将青椒、蒜、酱油、蚝油、盐放入钵中，用木棍将食材捣碎，使酱汁与青椒、茄子充分融合。

7 香葱洗净，切成葱花。

8 把捣好的手擂茄子盛出，撒上葱花、芝麻即可。

烹饪秘笈

煎青椒时一定要注意掌握好火候，炉心一簇火即可，避免将青椒煎煳。

🌱 营养贴士

茄子是为数不多的紫色蔬菜之一，在它的紫色皮中含有丰富的B族维生素和花青素等营养，因此烹饪茄子时最好连皮一起食用。连皮快速蒸熟可以最大限度保留营养。

清热解毒
彩椒雪梨拌苦瓜

| 烹饪时间 | 15分钟 |
| 难易程度 | 简单 |

── 主料 ──

苦瓜 1根　　黄彩椒 1个
红彩椒 1个　　雪梨 1个

── 辅料 ──

白糖 1茶匙　　苹果醋 适量
盐 1/2茶匙

特色
一苦一甜，去火清热的两种食材搭配在一起，可以缓解身体的燥热，爽口又清心。

烹饪秘笈

处理苦瓜时要注意将瓜瓤和白色脉络全部去除干净，否则不仅会过苦也会影响口感。

── 做法 ──

1 苦瓜洗净后竖着切成两半，用勺子挖去中间的瓜瓤和瓜子，如果怕苦，可以把白色瓜瓤挖得干净一些。

2 斜刀将苦瓜切成细丝，浸在冷水中，进一步去除苦味。

3 将红黄两色彩椒洗净去子，切成细丝。

4 雪梨去皮、去核，切成细丝。

5 将苦瓜捞出，沥干水分。

6 将苦瓜丝、彩椒丝、雪梨丝加白糖、盐、苹果醋拌匀即可。

| 秋葵 ‖ 200克 | 牛油果 ‖ 1/2个 |
| 芦笋 ‖ 200克 | 荷兰小黄瓜 ‖ 1根 |

辅料

| 芥末 ‖ 适量 | 食用油 ‖ 少许 |
| 盐 ‖ 1/2茶匙 | 日式酱油 ‖ 1小碟 |

烹饪秘笈

秋葵和芦笋焯水时要用筷子轻轻拨动，让食材受热均匀才不会出现一些还没焯熟，一些已经老了的情况。

纯纯本真味道
蔬菜芥末刺身

烹饪时间 **15分钟**
难易程度 简单

特色

蔬菜富含营养，热量却不高。牛油果、秋葵、青瓜、芦笋的搭配，令营养更加均衡丰富。

做法

1 秋葵洗净，切去顶部的蒂。

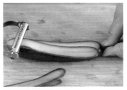

2 黄瓜洗净，用刨刀刮成薄片。

3 半个牛油果去皮去核，切成薄片。

4 芦笋洗净，削去根部的老皮。

5 锅中放入适量清水煮沸，加入1/2茶匙盐和一点点食用油，放入芦笋煮半分钟后捞出。

6 捞出的芦笋立刻放入冰水中冷却，这样可以不仅可以保持翠绿的颜色还可以有爽脆的口感。

7 继续在锅中放入秋葵焯水，约1分钟后捞出，放入冰水中冷却。

8 将秋葵和芦笋从冰水中捞出，控干水分，与黄瓜、牛油果一并装盘。另取一个小碟，倒入日式酱油和芥末即可。

夏季小清新
麻酱凤尾

烹饪时间 15分钟
难易程度 简单

特色

新鲜的凤尾质地脆嫩，搭配浓郁醇香的芝麻酱料，是在大鱼大肉之后最需要的那道解腻的清新小菜。

主料

油麦菜	1小把

辅料

芝麻酱	2汤匙
生抽	1汤匙
蒜	2瓣
芝麻	适量

做法

1 油麦菜洗净，用盐水浸泡10分钟杀虫杀菌。

2 两瓣蒜切成细末备用。

3 油麦菜切成手指长的段，装盘备用。

4 将芝麻酱用凉开水化开，顺着一个方向搅拌调匀。

5 芝麻酱中加入生抽、蒜末再次搅拌均匀。

6 将调好的酱汁浇在油麦菜上，撒上适量芝麻就完成了。

烹饪秘笈

生食的蔬菜可以用淘米水浸泡，弱碱性的淘米水可以更好地去除农药残留。

🌱 营养贴士

油麦菜的叶子色泽淡绿，口感极为鲜嫩清香，并以其低热量、高营养的特点被公认为生食蔬菜中的上品，有"凤尾"的美称。

春天的味道

香椿拌豆腐

烹饪时间 15分钟
难易程度 简单

特色

豆腐天天有，但新鲜的香椿只在春天可以享用，这道清热解毒的凉拌菜不容错过。

主料

香椿	1小把
老豆腐	1块

辅料

盐	1/2茶匙
生抽	1/2汤匙
醋	少许

做法

1 豆腐切成小块，块的大小以适口为宜，大约2厘米见方。

2 将豆腐块放入开水中氽烫，至水再次滚开。

3 捞出豆腐，放入滤网里沥干水分备用。

4 香椿择去老根，洗净。

5 将香椿放入沸水中焯水。

6 大约20秒变色后，立刻捞出沥干水分。

7 香椿切成末，放置于豆腐上。

8 加生抽、盐、醋拌匀即可装盘食用。

烹饪秘笈

这道菜用老豆腐或嫩豆腐皆可，老豆腐的口感更紧致，嫩豆腐更绵滑。香椿是季节性蔬菜，新鲜的香椿可以焯烫之后再冷冻保存，不仅能保持香味，也能更好地留住维生素C。

🌰 营养贴士

香椿特有的香椿素是一种挥发性有机物，有开胃健脾、增加食欲的功效。与豆腐一同做成凉菜，可以补充钙和蛋白质，是一道健康的春季凉菜。

秒杀小饭馆的凉拌菜
黄瓜面筋

| 烹饪时间 | 20分钟 |
| 难易程度 | 中等 |

主料

面筋 ◊ 1块　　　黄瓜 ◊ 1根

辅料

大蒜 ◊ 4瓣　　　香醋 ◊ 1汤匙
香油 ◊ 1/2汤匙　　盐 ◊ 1/2茶匙
辣椒油 ◊ 适量　　芝麻酱 ◊ 1汤匙
蒸鱼豉油 ◊ 2汤匙

烹饪秘笈

面筋比较吸水，在配制调料汁时要用多一些的水将芝麻酱稀释才可以更好地让每块面筋都均匀地吸收调料汁的味道。

特色

黄瓜富含维生素，面筋具有饱腹感，这道菜既健康低脂，又满足了口腹之欲。

做法

1 面筋切成2厘米见方的块。

2 将面筋放入沸水中汆烫以去除豆腥味，至水再次滚开。

3 捞出面筋，放入盘中晾凉。等到面筋不烫手，用手挤干面筋中的水分。

4 黄瓜洗净，用工具擦成细丝。

5 蒜用压蒜器挤成蒜泥。

6 1汤匙芝麻酱用凉开水分次化开调匀。

7 芝麻酱中加入蒜泥、香油、蒸鱼豉油、香醋和盐搅拌均匀，可以根据喜好加入适量辣椒油。

8 用一个大盆将面筋、黄瓜和调料抓匀，稍微腌制10分钟待面筋吸收了调料的味道即可。

低脂高纤维
豆皮金针卷

烹饪时间 **25分钟**
难易程度 **中等**

特色

豆皮和金针菇吸收了浓浓的烧汁味道，一口咬下去，富有弹性的豆皮和金针菇被汤汁包裹，香气在口腔中弥漫开。

主料

油豆皮 ▮ 1张　　金针菇 ▮ 300克

辅料

香葱 ▮ 3根　　蚝油 ▮ 1汤匙
蒜 ▮ 2瓣　　　白糖 ▮ 适量
盐 ▮ 1/2茶匙　食用油 ▮ 适量
生抽 ▮ 1汤匙

烹饪秘笈

这道菜最好选用油豆皮，在烹饪过程中韧性更好且不易破损。

做法

1 金针菇洗净后切去底部老根，控干水分备用。

2 蒜拍扁切成细末。香葱洗净，取一根切成葱花。另外的2根葱叶在开水中烫5秒马上捞起备用。

3 油豆皮用温水泡软。用刀将油豆皮裁开，宽度能包裹住金针菇长度的一半即可。

4 取一份裁好的油豆皮，放上约两个手指粗细的一把金针菇，自下而上卷紧。

5 用一根烫软的葱叶将金针卷系紧。

6 锅中放适量食用油，下入蒜末爆香后，放入金针卷小火煎制，其间不停用筷子翻转，保证均匀受热。

7 看到金针菇变软后，锅中加入生抽、蚝油、盐、白糖和一小杯清水。大火煮开后盖上锅盖，转小火焖煮5分钟。

8 再次调成大火收干汤汁，撒上葱花装盘即可。

绵滑细腻的日式小菜
和风冷豆腐

烹饪时间 15分钟
难易程度 简单

特色

内酯豆腐质地洁白，没有北豆腐的苦味，更适合作为清淡的凉菜食用。冷藏后的内酯豆腐有一种类似豆花的绵滑口感，是一道快手的日本家常小菜。

做法

1 内酯豆腐放冰箱冷藏一段时间，使之稍稍变硬。

2 一小块姜去皮磨成姜蓉。

3 香葱竖着切成5厘米左右的细丝。

4 海苔切成细丝备用，注意在切海苔时不要碰到水分，否则海苔会变软。

5 豆腐从冰箱取出，倒扣在盘子上，撒上葱丝，海苔丝，最上面放一撮姜蓉。

6 日式酱油不要过早淋在豆腐上，吃之前放才最好。

主料	
内酯豆腐	1盒

辅料	
香葱	1根
姜	1块
海苔	适量
日式酱油	适量

烹饪秘笈

因为内酯豆腐太软，不好从盒中取出，可以先用小刀将四边轻划或用剪刀在盒底剪出小口，再倒扣于盘子上。

🌱 营养贴士

大豆的营养成分通过转化，浓缩在一块小小的豆腐中，是人们获取植物蛋白质的最好来源。豆制品还富含磷脂、异黄酮等，是名副其实的健康食品。

夏季佐粥佳品

凉拌腐竹

烹饪时间 15分钟
难易程度 简单

特色

腐竹是中国人很喜爱的传统食品，具有浓郁的豆香味，还有着其他豆制品所不具备的独特口感。这道传统的家常小菜，特别适合夏季佐粥食用。

—— 主料 ——

干腐竹	200g

—— 辅料 ——

香葱	2棵
蒜	3瓣
老抽	1/2汤匙
生抽	2汤匙
香醋	1汤匙
盐	1茶匙

做法

1 腐竹掰短一些，用冷水泡软，用手捏一下没有硬心就好了。

2 泡好的腐竹斜刀切成菱形，腐竹的横截面积大一些就可以吸收更多的酱汁。

3 烧一锅水，放入1/2茶匙盐，水沸后将腐竹下入，待水再次煮开，捞出过凉水备用。

4 香葱和蒜切碎，放入小碗。

5 碗中加入老抽、生抽、香醋、剩余盐调匀。

6 将腐竹从凉水中捞出沥干，与碗中调料拌匀入味。

烹饪秘笈

因为腐竹很轻，容易浮在水面不利于均匀泡发，最好用一个碗将腐竹压在盆底。

营养贴士

腐竹中富含钙、磷、钾等多种矿物质，可以预防骨质疏松和高血压，是老少皆宜的保健佳品。

酸辣小泡菜

泡椒花生

烹饪时间	35分钟
难易程度	简单

特色

花生米的香甜中混合了泡椒的酸辣味，既可以当小菜，又可以当零食。

主料

泡椒	1袋
花生米	300克

辅料

盐	少许
花椒粒	10粒
柠檬	半个

做法

1 花生米用清水浸泡1小时。

2 捞出泡好的花生米，放入小锅，加水和少许盐烧开。水开后转小火煮半小时。

3 将煮熟的花生米用漏勺捞出，晾凉备用。

4 买回的泡椒捞出，切成两半，和泡椒水一起倒入大碗中。

5 半个柠檬切成薄片，放入碗中。

6 碗中加入花生米、花椒粒、适量矿泉水搅拌均匀，盖上保鲜膜，在冰箱里冰镇一晚即可食用。

烹饪秘笈

泡好的花生米可以直接食用，也可以作为配菜与西芹、胡萝卜等蔬菜凉拌做成一道佐粥小菜食用。

营养贴士

泡椒鲜嫩清脆，可以增进食欲。同时泡椒在发酵过程中会产生乳酸菌等多种益生菌，可以起到促进肠胃消化的作用。

补铁养血
凉拌菠菜

烹饪时间 **20分钟**
难易程度 **中等**

特色

菠菜富含铁元素，经常食用可以起到很好的补血效果。

做法

1 菠菜洗净，切去底部老根。

2 一锅水烧开，加入少许盐和食用油，下入菠菜焯水。菠菜变软后捞出，浸入凉水过凉。

3 将菠菜捞出，用手挤去水分并团成圆球形。

4 蒜和姜用工具压成蒜泥、姜蓉，码在菠菜球顶部。

5 根据自己的口味在菠菜球上淋适量生抽、香油，撒适量芝麻。

6 另取一个炒锅，热上一汤匙食用油，将热油浇在菠菜上，食用前拌匀。

主料

菠菜	300克

辅料

生抽	2汤匙
姜	1块
蒜	2瓣
食用油	适量
盐	适量
熟芝麻	适量
香油	适量

烹饪秘笈

喜辣的人，在菠菜球上加1茶匙辣椒粉，再浇上热油，风味更佳。

🌱 营养贴士

菠菜是一年四季都有的蔬菜，因其维生素含量丰富，也被人称为"维生素宝库"。菠菜中还含有大量水溶性膳食纤维，可以促进肠胃蠕动，将人体的垃圾毒素排出肠道。

酸爽清新好过瘾
傣味小木耳

烹饪时间 | 15分钟
难易程度 | 中等

特色

傣味凉菜多用柠檬汁进行调味，这道菜特别酸辣爽口，是不可错过的特色美食。

主料	
干木耳	1小把
青柠檬	1个

辅料	
香菜	2棵
小米辣	5个
蒜	3瓣
盐	适量
生抽	适量

做法

1 干木耳用温水泡发，去除底部老根和泥沙。如果是大片木耳需要改刀切小一些。

2 烧一锅水，水沸后放入木耳煮2分钟，捞起浸入凉水备用。

3 将香菜、小米辣洗净，切成半厘米左右的小段。

4 蒜拍扁，切成细末。

5 柠檬横向对半切开，一半留下备用，另一半切成薄片。

6 将木耳从凉水中捞出沥干，加入小米辣、香菜、蒜末、柠檬片，再挤入半个柠檬汁，加适量生抽、盐一起拌匀即可。

烹饪秘笈

这道菜用青柠的酸味替代了常规的凉拌醋，味道更加清新。如果青柠的个头过小，可以根据口味酌情增加青柠檬的用量。

营养贴士

木耳富含铁元素，常吃可以令人肌肤红润，还能防治缺铁性贫血。木耳中的胶质还可以吸附人体消化系统内的杂质，从而起到清胃涤肠的作用。

益智补脑
凉拌桃仁豌豆苗

烹饪时间 20分钟
难易程度 中等

特色

豌豆苗味道清香，核桃仁口感醇香，二者搭配益智补脑，是一道老少皆宜的凉菜。

—— 主料 ——

豌豆苗 ◈ 300克　　核桃仁 ◈ 1小碗

—— 辅料 ——

蒜 ◈ 1瓣　　　　　白糖 ◈ 适量
生抽 ◈ 1汤匙　　　橄榄油 ◈ 1茶匙
盐 ◈ 适量　　　　　苹果醋 ◈ 1汤匙

—— 做法 ——

1 豌豆苗洗净，从中间切一刀，切成寸段。

2 核桃仁用开水烫一下。

3 撕去核桃仁的表皮，尽量保持每一瓣的完整性。

4 大蒜拍扁，切成蒜末。

5 将处理好的豌豆苗、核桃仁、蒜末放入一个略大一些的盆中。

6 盆中加入生抽、苹果醋、橄榄油和适量白糖、盐拌匀即可。

烹饪秘笈

核桃仁去皮时，可以放锅中煮2分钟再浸入凉水，待不烫手时去皮就容易多了。如果不去皮，吃起来会有些苦涩。

特色

荸荠又叫马蹄。简单的做法最能体现荸荠的爽脆。原汁原味，也最大化地保留了食材的营养。

—— 主料 ——

荸荠 250克　　沙姜 1块
椰青 1个

—— 辅料 ——

小米辣 1个　　青柠檬 1个
海鲜酱油 2汤匙

清淡里滋味
沙姜脆马蹄

烹饪时间 15分钟
难易程度 简单

烹饪秘笈

也可多准备些时令蔬菜同荸荠一起涮食，就是一道健康美味的椰汁火锅。

—— 做法 ——

1 荸荠洗净去皮。

2 将椰青剖开，小心地将椰汁倒入锅中。

3 用勺子将椰肉刮下来，放入锅中与椰汁一起煮沸。

4 椰汁煮沸时，下入荸荠，并盖上锅盖。再次沸腾后转小火煮5分钟盛出。

5 沙姜洗净，磨成姜蓉。

6 取一个小碟，倒入海鲜酱油，挤入1个青柠檬汁，根据个人口味加入沙姜蓉、小米椒调成酱汁。用荸荠蘸食。

软糯香甜

桂花糯米藕

烹饪时间 50分钟

难易程度 高级

特色

小火慢慢将甜味的汤汁煮进藕中，每一口都恰到好处，绝不会被甜掩盖了藕特有的清香。

—— 主料 ——

藕	1段
糯米	适量

—— 辅料 ——

冰糖	100克
红枣	5颗
桂花	适量
红糖	200克

—— 做法 ——

1 糯米洗净，清水浸泡3小时。

2 莲藕刷净泥，削去表皮。

3 从莲藕比较粗的一端约5厘米处切开，把浸泡好的糯米用筷子填入各个藕孔。轻轻敲打藕身，使糯米塞实。

4 装满糯米后，将切下来的盖子放回原处，用牙签牢牢固定住。

5 将藕放入高压锅，加入适量水没过莲藕。放入红糖、冰糖、红枣和桂花后大火煮开，中小火焖煮20分钟，再高压烹制20分钟。

6 打开盖子，中火把汤汁收至浓稠。当藕身露出汤汁时，要用汤勺不停将汤汁淋到藕上，并不时翻动使其均匀受热。

7 当汤汁变得浓稠后，将糯米藕盛出晾凉，食用时切片，淋上汤汁，再撒上一点干桂花。

烹饪秘笈

用牙签固定藕盖和藕身时，尽量斜着插入。交错的牙签比规则的排列更容易固定。

❀ 营养贴士

糯米中富含膳食纤维和碳水化合物，而藕中则含有丰富的维生素和矿物质，两种食材结合，是一道很好的补中益气、滋补养心的温补食品。

老少皆宜
蓝莓山药泥

烹饪时间 **30分钟**
难易程度 **中等**

特色
酸甜可口的饭前甜点，让人胃口大开，根本停不下来。

—— 主料 ——
山药 ◦ 1根　　蓝莓酱 ◦ 1汤匙

—— 辅料 ——
牛奶 ◦ 适量　　蜂蜜 ◦ 1茶匙
盐 ◦ 少许

做法

1 山药去皮，切成长段。去皮时山药的黏液会使皮肤很痒，最好戴上手套来处理。

2 处理好的山药放在蒸锅中，隔水蒸熟。用筷子能轻松将山药插穿即可关火。

3 取出蒸好的山药，趁热用勺子压成泥。

4 在山药泥中加少许盐提味，并加入适量牛奶搅拌均匀，牛奶会使山药泥更加细滑。

5 将搅拌均匀的山药泥装入裱花袋，挤成小山的形状。没有裱花袋也可以用饼干模具或手做成其他造型。

6 蓝莓酱加少许水和蜂蜜调匀，均匀地浇在山药泥上即可。

烹饪秘笈

将蒸熟的山药用料理机搅打，质地会更加顺滑，口感也会更细腻。

五彩拉皮

烹饪时间	30分钟
难易程度	中等

主料

东北大拉皮	1张	胡萝卜	1/2根
黄瓜	1根	干木耳	5朵
鸡蛋	1个	紫甘蓝	3片

辅料

蒜	3瓣	白糖	1茶匙
香菜	1棵	盐	1茶匙
芝麻酱	1汤匙	蚝油	1汤匙

烹饪秘笈

如果买不到新鲜的东北拉皮，也可以用超市的绿豆粉代替。先用温水泡软，再煮开沥干水分即可。

特色

五彩拉皮是东北的经典凉菜，拉皮虽薄却筋道十足，配上五彩蔬菜，色泽美观，形态百变。

做法

1 鸡蛋打散后，用平底锅煎成一张薄薄的蛋皮。煎好后在一旁放凉备用，开始准备其他食材。

2 木耳用温水泡发，在沸水中煮1分钟，捞出浸入凉水备用。

3 胡萝卜、黄瓜去皮，与紫甘蓝、木耳、蛋皮分别切成均匀的细丝。

4 将各色食材的细丝交叉摆放在盘子周围。

5 拉皮切成一指宽的长条，摆放在盘子中央。

6 香菜切段，蒜捣成蒜泥，放置于拉皮上方。

7 芝麻酱用温水调匀，加入盐、白糖、蚝油搅拌均匀。

8 食用时再将酱汁浇在菜上，并将五彩丝与拉皮拌在一起。

川味十足
川北凉粉

烹饪时间 35分钟
难易程度 高级

特色

酸、辣、辛、香的川北凉粉是四川地区的特色小吃。以其细致绵软且滑爽利口而深受人们的喜爱。

做法

1 绿豆淀粉加一点点水调开，慢慢搅拌至没有颗粒。

2 锅里加入约700毫升水，烧开后调成小火，倒入绿豆淀粉迅速搅拌，直至淀粉变得透明没有白色的粉疙瘩就可以了。

3 准备一个长方形容器，内壁刷上适量食用油。

4 将煮好的绿豆淀粉倒入容器内，冷藏四五个小时即可取出脱模。

5 将凉粉切成手指粗细的长条，摆放在盘子里。

6 小米辣椒切圈，蒜切成细末，香菜切小段。

7 将老抽、生抽、蒸鱼豉油、老干妈混合均匀，淋在凉粉上。

8 撒上适量花生碎、小米辣、蒜末、香菜段即可。

主料	
绿豆淀粉	100克

辅料	
老抽	1/2茶匙
生抽	1茶匙
老干妈	1茶匙
蒸鱼豉油	1汤匙
小米辣椒	1个
花生碎	适量
大蒜	3瓣
食用油	适量
香菜	2根

烹饪秘笈

绿豆淀粉和水的比例保持在1∶7最佳，熬制过程中需要全程小火，不停搅拌防止煳锅。

营养贴士

凉粉虽然是淀粉制品，但水分较多，是热量很低的食物，非常适合有减肥需求的人群食用。

非油炸的小零食
狼牙土豆

烹饪时间 20分钟
难易程度 中等

特色

因土豆用特制刀片切成齿状而得名狼牙土豆，制作方法简单快捷，深受年轻人喜爱。

—— 主料 ——

土豆	1个

—— 辅料 ——

香葱	1根
香菜	1根
盐	适量
生抽	1汤匙
醋	1汤匙
蒜	3瓣
辣椒粉	1/2茶匙
黑胡椒粉	适量

做法

1 土豆洗净去皮，用波浪形的刀片先切成厚片，再切成长条。

2 切好的土豆用清水浸泡，去除多余的淀粉，吃起来更加清脆。

3 一锅水烧开，将土豆放入锅内煮熟。用筷子可以夹断即可出锅。

4 将煮熟的土豆条用凉水浸泡降温，晾凉后捞出沥干水分。

5 香葱、蒜、香菜切碎，加入土豆中。

6 根据个人喜好，加入生抽，醋，盐，辣椒粉，黑胡椒粉拌匀后即可。

烹饪秘笈

煮土豆的时间不宜过长，狼牙土豆的精髓就是脆而不生。

⬥ 营养贴士

土豆所含的膳食纤维细嫩，对肠胃黏膜无刺激作用，具有和胃、健脾、益气的功效。在欧美国家经常把土豆作为主食，它的热量低于谷类粮食，而且高钾低钠，很适合水肿型肥胖者食用。

天马行空 "泰" 好吃
泰式青木瓜沙拉

烹饪时间 **30分钟**
难易程度 **中等**

主料

青木瓜 适量　　圣女果 适量

辅料

蒜 2瓣　　　　鱼露 1汤匙
小米辣 2个　　盐 适量
青柠檬 1个　　花生米 1小把

烹饪秘笈

泰国传统的切木瓜丝方法是，先用刀纵向在木瓜表面砍出无数条印记，再用刀薄薄地片出木瓜片，这样每一层木瓜肉就自动分成木瓜丝了。

特色

青木瓜清新爽脆的口感，配上酸辣的酱汁，从原料到做法都极具泰国风情，且非常开胃。

做法

1 花生米放在不粘锅里，小火烘烤三四分钟，搓去红皮放凉备用。

2 青木瓜切成两半，去皮去子，切成细丝。

3 圣女果竖着切成四瓣，青柠檬也切成四瓣。

4 大蒜和小米辣放入春臼捣碎，再加入木瓜丝略微捣烂。

5 将春臼里的食材取出，挤入两瓣青柠檬汁。

6 加入切好的圣女果、适量鱼露和盐拌匀。

7 烤好的花生米用擀面杖压成花生碎，撒在木瓜丝上。

8 将剩下的两瓣青柠檬摆在盘子旁边，食用时根据个人口味调节酸度。

麻辣鲜香
手撕圆白菜

烹饪时间 25分钟
难易程度 简单

手撕圆白菜是极著名的湘菜之一，这道菜颜色鲜亮，脆爽清甜，辣椒花椒咸香，让人食欲大开。

主料

圆白菜	1/2个

辅料

干辣椒	3颗
大蒜	3瓣
生姜	2片
盐	1/2茶匙
生抽	1汤匙
花椒油	适量
食用油	适量

做法

1 圆白菜用手撕成适宜入口的小块，用水冲洗干净备用。

2 干辣椒斜着剪成均匀的辣椒圈，大蒜、生姜切碎备用。

3 热锅凉油，将干辣椒小火煸炒。

4 将干辣椒拨到一边，用余下的油将姜蒜爆锅，炒出香味。

烹饪秘笈

如果没有花椒油，可以在小火煸炒干辣椒时加入花椒，煸出香气后可将花椒粒捞出以免影响口感。

5 下入沥干水分的圆白菜，转大火快速翻炒2分钟左右。

6 圆白菜变软后，加入生抽、盐、花椒油翻炒均匀即可。

◆ 营养贴士

圆白菜又叫包菜，是甘蓝类蔬菜的一种，富含叶酸和多种维生素。圆白菜具有防衰老、抗氧化的效果，经常食用可以防止皮肤色素沉淀，延缓老年斑的出现。

家喻户晓淮扬菜

浇汁香菇油菜

烹饪时间 25分钟
难易程度 中等

特色

这是一道江苏地区特色传统名菜，属于淮扬菜系。浓郁芬芳的香菇搭配翠绿的油菜心，营养互补，色香味俱全。

主料

油菜	1把
香菇	8朵

辅料

香葱末	少许
蚝油	2汤匙
蒜末	适量
淀粉	1汤匙
食用油	适量
盐	1茶匙

做法

1 油菜整棵洗净，在沸水中加入几滴油和1茶匙盐，将油菜下入沸水中煮至变色后捞出。

2 香菇去根，顶部用刀沿六个方向切成花纹。切下来的边角料剁成碎末备用。

3 香菇放入沸水中煮1分钟后捞出。

4 将油菜和香菇一同摆盘，可以按自己的创意摆成喜欢的样子。

5 起一锅油，放入香葱末、蒜末和香菇末煸炒，炒出香味后加入蚝油。

6 淀粉与凉水按1：3调匀，倒入锅中。汤汁冒出大泡时即可关火，将汤汁浇在摆盘好的菜上。

烹饪秘笈

如果用干香菇烹制这道菜，需要提前用温水泡发备用。

🍄 营养贴士

香菇是高蛋白、低脂肪，富含多种矿物质和维生素的菌类食物。经常食用可以提高机体免疫功能，预防高血压和动脉硬化等疾病。

香辣酸甜下饭菜
宫保杏鲍菇

烹饪时间 **35分钟**
难易程度 **高级**

特色

杏鲍菇咬下去有一种肉肉的口感，还有着其他菌类难以代替的香气，宫保的做法让素食比肉菜还要好吃。

做法

1 杏鲍菇洗净，切成1厘米见方的小丁。

2 青椒洗净去子，切成和杏鲍菇差不多大小的块。

3 大蒜拍扁，大葱切成1厘米宽的寸段。

4 蜂蜜用2倍温水化开，加入老抽、白糖、盐、醋、淀粉，调成汁备用。

5 炒锅加入油，小火将花生米炸脆。剩余的油要继续炒菜，所以炸花生米放的油可以比平时多一些。

6 炸好的花生米放在厨房纸巾上吸油晾凉。

7 继续用小火先把干辣椒和花椒煸出香味，随后放入葱和蒜爆锅。

8 葱稍稍变软后下杏鲍菇，杏鲍菇表皮微黄即可加入青椒和炸好的花生米继续翻炒。

9 再次调匀酱汁，沿锅边倒入。待所有食材均匀挂上一层透明包浆后即可。

主料

杏鲍菇	1个
花生米	1小把
青椒	1个

辅料

干辣椒	5根
花椒	10粒
大葱	1根
蒜	3瓣
白糖	2汤匙
醋	2汤匙
老抽	适量
盐	适量
淀粉	1汤匙
蜂蜜	2汤匙
食用油	适量

烹饪秘笈

花生米很容易炸煳，一定要保持小火低温，并不时晃动锅使花生米均匀受热。

营养贴士

杏鲍菇蛋白质含量丰富，经常食用能提高人体免疫力，是体弱人群和亚健康人群的理想营养品。

酥脆高能量
椒盐炸平菇

烹饪时间	30分钟
难易程度	中等

特色

炸平菇色泽金黄，香酥可口，是一道既可搭配正餐，也可作为零食的菜品。

——— 主料 ———

平菇 ◖300克　　面粉 ◖6汤匙

——— 辅料 ———

食用油 ◖适量　　黑胡椒粉 ◖适量
鸡蛋 ◖1个　　　辣椒粉 ◖适量
盐 ◖1茶匙

做法

1 平菇洗净，用手压出多余的水分并撕成小朵备用。

2 鸡蛋搅打均匀，加入1茶匙盐和适量黑胡椒粉提味，再次搅拌均匀。

3 在蛋液中分次一点点地加入面粉，直到蛋液渐渐变得浓稠。

烹饪秘笈

全部炸好后，再次入油迅速复炸，口感会更加酥脆。

4 锅内入油，待油变热，把筷子放入可以看到细密的气泡即可开始炸平菇。

5 将平菇裹上一层面糊，放入油锅中。不时轻轻翻动，炸至表面金黄即可。

6 用厨房纸巾吸取多余的油分，随后按个人口味撒上黑胡椒粉、辣椒粉等。

最原始的鲜味
黑椒烤口蘑

烹饪时间　15分钟
难易程度　简单

主料

口蘑 200克

辅料

橄榄油 适量　　黑胡椒粉 适量
盐 少许

烹饪秘笈

这道菜要保持口蘑的原味，一定要控制盐的用量，用手指轻轻撒上一点儿就可以了。

做法

1 口蘑轻轻用洗碗海绵擦洗干净，将柄摘下。

2 平底锅里倒入薄薄一层橄榄油，将口蘑头朝下放入锅中小火煎制。

3 盖上锅盖，待口蘑的圆圈里煎出汤汁，即可装盘。口蘑的汤汁非常鲜美，要小心将它移到盘子里。

4 撒上少许盐和黑胡椒粉即可。

健康蒸菜

蒜蓉粉丝金针菇

烹饪时间 25分钟

难易程度 中等

特色

蒸菜相对于其他烹饪方式，油脂较少，堪称最健康的烹饪方式。

—— 主料 ——

金针菇	1把
粉丝	1把

—— 辅料 ——

大蒜	1头
小米辣	1根
香葱	1根
盐	适量
白糖	少许
生抽	2汤匙
食用油	适量

做法

1 粉丝用清水浸泡10分钟，变软后即可捞出装盘。

2 金针菇洗净沥干水分，切去老根，均匀摆放在粉丝上。

3 一头大蒜切成蒜末，小米辣切圈，香葱切成葱花备用。

4 炒锅中加入和蒜末分量相等的油，烧热后关火，下蒜末和小米辣翻炒均匀。

5 在锅中加入白糖和盐调味，随后将蒜蓉酱淋在金针菇上。

6 另取蒸锅，水开后整个盘子放入蒸锅，蒸6~8分钟后取出。

7 在盘中倒入生抽，撒上葱花即可。

烹饪秘笈

这道菜的关键在于蒜蓉酱，炒制时为了防止蒜末炸煳发苦，要关火用锅里油的余温炸出蒜香。

营养贴士

金针菇含有人体必需氨基酸，且成分较全，其中赖氨酸和精氨酸含量尤其丰富，同时富含锌元素，对增强智力有良好的作用，人称"增智菇"。

菌香四溢
香菇炒荷兰豆

烹饪时间 20分钟
难易程度 简单

特色

香菇的加入弥补了清炒荷兰豆味道上的寡淡。软滑的香菇搭配脆嫩的荷兰豆，入口会有意想不到的感觉。

做法

1 荷兰豆择去两头，撕掉两侧老筋。

2 洗净后斜刀将荷兰豆切成菱形片。

3 鲜香菇去根，洗净后切成薄片。大蒜也切成薄片。

4 炒锅加热倒入少许油，油热后放入蒜片煸出香味。

5 放入香菇片翻炒半分钟左右，调入生抽再次翻炒，使香菇吸收汤汁。

6 下荷兰豆快速翻炒，看到荷兰豆变色后加入盐，再次翻炒几下即可。

主料

香菇	3朵
荷兰豆	200克

辅料

食用油	适量
大蒜	1瓣
生抽	2汤匙
盐	1/2茶匙

烹饪秘笈

一定要先放入生抽再放入荷兰豆，这样在烹饪过程中不会影响荷兰豆的色泽。

营养贴士

荷兰豆含有丰富的膳食纤维，香菇富含蛋白质，这道快炒小菜热量低，既有营养又能排毒，是一道对身体零负担的健康餐。

春季时令菜
清炒蚕豆

烹饪时间 **20分钟**
难易程度 **简单**

特色

蚕豆中的膳食纤维有促进肠道蠕动的作用，而且富含钙、锌、磷脂等营养物质，是平价又健康的食材。

主料

蚕豆 1000克

辅料

食用油 适量　　蒜 1瓣
盐 少许　　香葱 1根

烹饪秘笈

最好买带豆荚的蚕豆，现剥现炒才最鲜嫩。

做法

1 将新鲜蚕豆剥去豆荚。

2 蒜切成薄片，香葱切成葱花备用。

3 炒锅加热，倒入适量油，待油热后放入蒜片煸出香味。

4 下入蚕豆，炒至豆子颜色变得更绿更深。

5 锅中加入小半碗水，盖上锅盖焖5分钟左右，至蚕豆变得酥软。

6 加入少许盐翻炒均匀，撒入一把葱花即可出锅。

特色

三丝搭配嫩茭白，不仅营养丰富，颜色也非常亮眼。这道菜色香味俱全，让人胃口大开。

甘甜鲜嫩
茭白炒三丝

| 烹饪时间 | 20分钟 |
| 难易程度 | 中等 |

—— 主料 ——

| 茭白 ▮ 2棵 | 红椒 ▮ 1/2个 |
| 青椒 ▮ 1/2个 | 胡萝卜 ▮ 1/2个 |

—— 辅料 ——

| 食用油 ▮ 适量 | 盐 ▮ 少许 |
| 生抽 ▮ 1汤匙 | 姜 ▮ 2片 |

烹饪秘笈

处理茭白时要先剥去外表的老皮，里面白嫩的部分炒出来更加脆嫩清甜。

做法

1 茭白、青椒、红椒、胡萝卜分别洗净，切成尽量细的丝。

2 姜片也切成细丝备用。

3 因为茭白容易粘锅，炒菜的油要略宽一些，待油热后放入姜丝煸炒。

4 因茭白容易焦，胡萝卜又偏硬，所以先下入胡萝卜丝煸炒。

5 待胡萝卜丝稍稍变软，下茭白和青红椒丝一起煸炒。

6 待所有食材都炒得软软的，就可以加入生抽和少许盐提味，翻炒均匀即可。

素菜也可以这么美

荷塘小炒

烹饪时间 30分钟

难易程度 中等

特色

各种颜色丰富的蔬菜搭配出的健康素食小炒，让你在享受美食的同时也有一份好心情。

主料

莲藕	1节
胡萝卜	1/2根
干木耳	6朵
鲜百合	1个
荷兰豆	少许

辅料

食用油	适量
盐	1/2茶匙

做法

1 木耳用清水泡发，洗净泥沙后撕成适宜入口的小朵。

2 百合去掉外皮褐色部分，掰成小瓣。

3 莲藕去皮洗净，切成2毫米厚的薄片。

4 胡萝卜去皮洗净，斜刀切成菱形片。

5 荷兰豆择去两头，撕掉两侧老筋，洗净。

6 煮一锅水，加入几滴油、少许盐。水沸后，分别下入莲藕、鲜百合、木耳、胡萝卜、荷兰豆，依次焯烫半分钟，捞出过凉水备用。

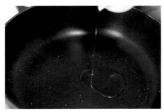

7 另起锅，烧热后下入少量油。

8 将所有蔬菜沥干水分，放入锅中大火快炒，加盐调味即可。

烹饪秘笈

荷塘小炒以莲藕为主，其他蔬菜可以自行搭配。白果、芦笋、山药、玉米粒等都是不错的选择。

◈ 营养贴士

民间有"新采嫩藕胜太医"之说，对于老年人，藕是养胃滋阴的好食材。加上各色时蔬的点缀，这样的搭配让营养加倍。

营养又美味
糖醋藕夹

| 烹饪时间 | 40分钟 |
| 难易程度 | 中等 |

特色

莲藕无论是煎、炒、卤、拌都非常好吃，一口咬下裹着酸甜茄汁的藕夹，带给味蕾最美妙的体验。

做法

1 莲藕洗净去皮，切成厚度均等的薄片，泡在清水中备用。

2 选一个和莲藕粗细差不多的茄子，削去表皮，切成和藕片薄厚差不多的片。

3 鸡蛋打散，加少许盐调味。

4 面粉中少量多次地加水，直到调成浓稠的面糊后，加少许盐提味。

5 将茄子片在蛋液中滚一下，裹满蛋液后用两片藕夹住。

6 用筷子夹住藕夹放入面糊中，均匀裹上面糊。为了保证炸制过程中不散开，侧面也一定要裹上面糊。

7 锅烧热下油，放入裹好面糊的藕夹，炸至两面金黄取出。

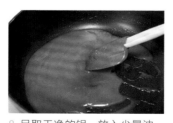

8 另取干净的锅，放入少量油，油热后放入番茄酱、白醋，炒匀后加入小半碗水淀粉。汤汁变得浓稠即可关火，淋在藕片上。

主料

莲藕	1节
茄子	1个

辅料

鸡蛋	1个
盐	适量
番茄酱	2汤匙
白醋	1汤匙
面粉、食用油	各适量
水淀粉	适量

烹饪秘笈

炸藕夹前，可以在油锅中滴几滴面糊，如果面糊能马上漂浮起来，说明油温合适可以开始炸制了。

🍃 营养贴士

藕和茄子的铁元素含量都很丰富，能够补益气血，增强人体免疫力。中医认为，藕能够补中养神，益血生肌。

073

干锅有机菜花

烹饪时间	25分钟
难易程度	中等

主料

有机菜花 ◈ 1棵

辅料

干辣椒 ◈ 两三根	生抽 ◈ 1汤匙
花椒 ◈ 适量	白糖 ◈ 1茶匙
蒜 ◈ 3瓣	葱 ◈ 1根
蚝油 ◈ 1汤匙	食用油 ◈ 少许
盐 ◈ 1/2茶匙	

烹饪秘笈

因为是大火快炒的做法，所以在处理菜花时要特别注意根部粗的地方切细一些，方便炒熟，也更好入味。

特色

干锅菜花焦香爽脆，浓郁的酱香完全渗入菜花之中，是一款超人气的下饭菜。

做法

1 用小刀沿着菜花的脉络削成便于入口的小朵。

2 用淡盐水浸泡10分钟后，用软毛牙刷将菜花洗净，沥干水分备用。

3 干辣椒用剪刀剪成段，大蒜拍扁后切成蒜末，葱切成葱花。

4 锅内放少许油，用小火将花椒和干辣椒炒出香气。

5 下入蒜末炒至金黄后，倒入菜花大火翻炒。

6 菜花变得微软时，放入蚝油、生抽、白糖、盐翻炒均匀。如果此时锅内水分太少，可淋入小半碗水，盖上锅盖，将菜花焖熟。

7 菜花变色后，开大火收干汤汁，撒上葱花，快速翻动几下即可。

特色

豆腐金黄焦香，汤汁色泽红亮，
是一道微辣咸香的家常美食。

家常豆腐

烹饪时间 **35分钟**
难易程度 **中等**

--- 主料 ---

老豆腐 ▮ 1块　　青椒 ▮ 1个
鸡蛋 ▮ 2个　　　红椒 ▮ 1个

--- 辅料 ---

老干妈 ▮ 1汤匙　　老抽 ▮ 1茶匙
泡椒 ▮ 1汤匙　　　白糖 ▮ 适量
蒜 ▮ 2瓣　　　　　水淀粉 ▮ 小半碗
生抽 ▮ 1汤匙　　　食用油 ▮ 适量

烹饪秘笈

这道菜中使用的生抽、老抽、
老干妈都带有咸味，不需要在
烹饪过程中再加盐了。

--- 做法 ---

1 青红椒去子，切成利于
入口的小块。蒜拍扁备用。

2 豆腐切成约3厘米x4厘
米的长方形厚片。

3 鸡蛋在小碗里搅打均
匀，把豆腐片放入裹上一
层蛋液。

4 平底锅内放薄薄一层
油，油热了即可放入裹好
蛋液的豆腐，煎到两面金
黄捞出备用。

5 另起炒锅，用少许油将
老干妈和泡椒小火炒香。

6 继续放入青红椒和蒜瓣
煸炒。

7 将煎好的豆腐片下入锅
中，轻轻拨动使豆腐均匀
裹上汤汁。

8 放入老抽、生抽、白糖，
快速翻炒几下。淋上小半
碗水淀粉勾薄芡即可。

爽滑鲜嫩
鱼香日本豆腐

烹饪时间 35分钟
难易程度 中等

特色
鱼香是四川菜肴主要传统味型之一，是川菜里独有的派系，不见鱼而有鱼味，具有咸、香、酸、辣的特点，颇受人们欢迎。

1 日本豆腐用蒸锅隔水蒸8分钟，这样处理过的日本豆腐更容易定形。

2 蒸好后放在冷水里过凉，捞出切成1.5厘米左右的厚片。

3 切好的日本豆腐，放在淀粉里滚一滚，均匀裹上薄薄一层淀粉。

4 油锅里多放一些油，油热后将裹上淀粉的日本豆腐炸至金黄，捞出备用。

5 取一个碗，加入1汤匙淀粉，用小半碗水搅匀，加入陈醋、生抽、白糖、盐、胡椒粉调制成味汁备用。

6 番茄洗净切丁，香葱、蒜切碎。

7 另取一锅，烧热后用少许油将蒜末炒香，随后加入1汤匙郫县豆瓣酱。

8 下入番茄丁翻炒出汤汁，当番茄变得绵软了，将事先准备好的味汁倒进去混合均匀。

9 锅里的汤汁烧开后，下入炸好的日本豆腐，再撒上一把葱花。小心晃动，让日本豆腐裹上汤汁即可。

主料

| 日本豆腐 | 4根 |
| 番茄 | 1个 |

辅料

淀粉	适量
郫县豆瓣酱	1汤匙
生抽、白糖	各1茶匙
陈醋	1汤匙
盐、胡椒粉	各适量
食用油	适量
香葱	1根
蒜	2瓣

烹饪秘笈

最后一步要格外小心，大力翻炒会将日本豆腐翻烂。可用一个汤勺，不断将周围的汤汁淋在豆腐上。

营养贴士

日本豆腐虽质感似豆腐，却不含任何豆类成分，而是以鸡蛋为主要原料，经科学配方精制而成。其富含蛋白质及多种矿物质，营养丰富，又易于消化吸收。

口感绵软，老少皆宜

云南老奶洋芋

烹饪时间 30分钟
难易程度 中等

特色

老奶洋芋口感绵软，不费牙力，所以有人说这是老奶奶吃的洋芋。家中有老人孩子的，可以时常做此菜。

—— 主料 ——

土豆	1个

—— 辅料 ——

花椒粉	适量
辣椒粉	适量
盐	1/2茶匙
香葱	1根
食用油	少许

—— 做法 ——

1 香葱洗净，葱白切去不用，将绿色部分切成葱花。

2 土豆洗干净，上锅蒸熟。筷子可以轻易插入的时候就蒸好了，取出晾凉。

3 土豆凉至不烫手时，轻轻撕去土豆的外皮。

4 用勺子将土豆压碎，不要压成土豆泥，保留一些颗粒吃起来会口感更佳。

5 起锅倒入少许油，比平时炒菜的油还要少一些。先将花椒粉和辣椒粉小火炒香。

6 将压碎的土豆下锅翻炒，撒上一把葱花和少许盐拌匀即可。如果喜欢焦香的味道，可以多炒两三分钟。

烹饪秘笈

蒸熟的土豆去皮很容易，如果先去皮再蒸熟，外表会稍稍发硬，影响口感。

营养贴士

带皮蒸熟的土豆营养损失更少，尤其是维生素C可以更多地保留下来，是最为营养的吃法。

营养均衡丰收菜

东北乱炖

烹饪时间 30分钟

难易程度 中等

特色

简单易煮，各类食材搭配营养丰富。是东北人家餐桌上的家常炖菜。

—— 主料 ——

土豆	1个
扁豆角	1小把
玉米	1根
胡萝卜	1/2根

—— 辅料 ——

葱白	1/2根
蒜	2瓣
豆瓣酱	1汤匙
老抽	1汤匙
盐	适量
食用油	适量

做法

1 土豆和胡萝卜洗净，去皮切成滚刀块。

2 扁豆角掐去两头和老筋，从中间切成两段。

3 玉米横着剁成3厘米左右宽的段。

4 葱白和大蒜切片备用。

5 热锅下油，小火将葱蒜下锅煸香。

6 转大火下入土豆块、胡萝卜块翻炒，当土豆和胡萝卜边缘微焦的时候下入扁豆角翻炒均匀。

7 转中小火，加入豆瓣酱、老抽翻炒均匀。倒入一碗水没过食材，放入玉米。水开后盖上盖子，中小火炖煮。

8 约15分钟后，土豆软烂、豆角煮熟，即可打开盖子，加适量盐调味，转大火收干或收浓汤汁即可。

烹饪秘笈

既然是乱炖，这道菜的食材可以随心搭配。北方的圆茄子、番茄、宽粉等都是乱炖的好搭档。

营养贴士

东北乱炖又名"丰收菜"，将土豆、豆角、玉米、胡萝卜、青椒等多种蔬菜炖熟，食材多样，营养丰富，富含多种维生素、矿物质以及膳食纤维。

经典东北菜

地三鲜

烹饪时间 40分钟

难易程度 中等

特色

特别的做法让茄子、土豆、青椒这三种平凡的蔬菜变成了一道口味浓厚的下饭菜，味道让人难以忘怀。

做法

1 土豆洗净去皮，切成滚刀块。

2 青椒和茄子洗净，也切成与土豆大小相似的块。

3 蒜和姜切成片备用。

4 锅内入油，油略多一些。大火将油烧热后下入土豆煎成微透明状时盛出备用。

5 转中小火用剩余的油将茄子翻炒几下，茄子块均匀沾上油后，转成小火焖制5分钟左右。期间要不时翻炒，防止茄子烧焦，茄子变软后即可盛出。

6 炒锅内再次倒入少量油，先下姜蒜爆香，再加入青椒炒至微焦。

7 加入土豆和茄子翻炒均匀，入白糖、盐、生抽调味。

8 半碗水淀粉调匀倒入锅中，朝一个方向翻炒勾芡。菜上均匀挂上一层透明的芡汁即可。

主料

茄子	1个
土豆	1个
青椒	1个

辅料

食用油	适量
姜	2片
蒜	2瓣
白糖	1茶匙
盐	1茶匙
生抽	适量
水淀粉	适量

烹饪秘笈

茄子非常吸油，在单独炒茄子时用锅铲轻微按压茄子，煸出水分可以使茄子更快变软。

营养贴士

青椒富含维生素C，其芬芳辛辣的辣椒素还有促进食欲、帮助消化的作用。

酱香浓郁
酱烧小土豆

烹饪时间 30分钟
难易程度 简单

特色
先蒸后炒的小土豆外表焦香，内里软嫩，加上浓郁的酱汁，让人欲罢不能。

—— 主料 ——

小土豆 ▌500克

—— 辅料 ——

蒜 ▌5瓣	豆瓣酱 ▌1汤匙
小米椒 ▌1根	孜然粉 ▌适量
香葱 ▌1根	食用油 ▌适量
生抽 ▌1汤匙	盐 ▌适量

做法

1 小土豆用软牙刷洗净泥土，上锅蒸熟。用筷子可以轻易插入时，就取出晾凉。

2 用菜刀将小土豆逐个压扁，略有开裂在后面炒制的过程中更容易入味。

3 小米椒洗好切圈，香葱切末，蒜拍扁。

4 炒锅内放适量油，把小土豆煎至两面金黄。

5 把小土豆推到一边，锅内放入小米椒、香葱、蒜，煸炒出香味后和小土豆一起炒匀。

6 加入生抽、豆瓣酱、孜然粉、盐提味，混合均匀即可。

烹饪秘笈
因为小土豆已经提前蒸熟，在炒制过程中可以全程大火快炒，小土豆两边微焦会更香。

特色

红红火火的剁椒愈发凸显了小芋头的甘甜软糯，一口吞下去，胃里仿佛泛起一股暖流。

—— 主料 ——

小芋头 | 300克

—— 辅料 ——

剁椒酱 | 4汤匙　　白糖 | 适量
生抽 | 1汤匙　　食用油 | 少许

红火湘菜

剁椒蒸小芋头

烹饪时间　**25分钟**

难易程度　**简单**

烹饪秘笈

如果买不到合适的小芋头，也可将大芋头去皮后切成滚刀块蒸熟。

—— 做法 ——

1 小芋头用洗碗海绵擦洗干净，削去表皮。

2 将小芋头放入冷水锅中，水开后煮5分钟捞出盛盘。

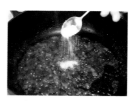

3 炒锅加少许油烧热，下剁椒酱翻炒几下，加入生抽和白糖炒匀。

4 炒好的酱料均匀地铺在小芋头上。

5 蒸锅加水烧开，水开后将整盘芋头上锅蒸5分钟。

6 用筷子可以轻松插透芋头即可关火。

特异芳香惹人醉
紫苏黄瓜

烹饪时间 25分钟
难易程度 中等

特色

紫苏特有的芳香，令脆嫩爽口的黄瓜别具一番滋味。不仅热量低还非常可口，是一道会让人上瘾的素食。

—— 主料 ——

黄瓜	1跟
紫苏	1把

—— 辅料 ——

小米辣椒	1根
蒜	3瓣
盐	1/2茶匙
白糖	适量
食用油	少许

做法

1 黄瓜洗净，斜切成0.5厘米厚的片。

2 紫苏洗净，将叶子一片片择下，随意切成几段。

3 小米辣斜切成圈，蒜切碎。

4 热锅倒入薄薄一层油，将黄瓜片两面煎软后盛出。

5 小火下入辣椒、蒜炝锅，加入紫苏炒出香气。

6 转大火下入煎好的黄瓜片快速炒匀，加入适量盐和白糖即可。

烹饪秘笈

黄瓜需要煎软，表皮微皱，两面有些焦黄的程度最好。

🍃 营养贴士

紫苏叶能解表散寒，发汗力较强，可用于风寒感冒的食疗。紫苏叶中还含有预防衰老的有效成分，是不可多得的美容圣品。

劲辣咸香的纤体美食
口味山药

烹饪时间　25分钟
难易程度　中等

特色

自古以来，山药就被视为物美价廉的补虚佳品，既可作主粮，又可作蔬菜。这道菜便是一道以山药为主材的家常美食。

—— 主料 ——

山药	1根

—— 辅料 ——

食用油	适量
小米椒	2根
蒜	2瓣
生抽	1汤匙
白醋	1汤匙
盐	少许

做法

1 小米椒斜切成圈，蒜切薄片。

2 山药刨去表皮，斜切成2毫米左右厚度的片。

3 切好后迅速将山药片泡在水里，并倒入白醋防止氧化。

4 热锅下油，放入小米椒和蒜片爆香。

5 捞出山药片冲洗干净，去除多余黏液，沥干水分后下入锅中，大火爆炒几分钟。

6 加入生抽、少许盐，快速翻炒均匀即可。

烹饪秘笈

白醋不仅能防止山药氧化变黑，还可除去多余的淀粉，让山药更加脆爽。

营养贴士

山药补脾养胃、生津益肺、补肾涩精，对脾虚食少、久泻不止、肺虚喘咳、肾虚遗精等症有食疗功效。同时山药富含膳食纤维，易产生饱腹感，从而控制食欲。

过瘾川菜
素蚂蚁上树

烹饪时间 **30分钟**
难易程度 **中等**

特色
粉丝吸收了郫县豆瓣酱的浓郁味道，香气扑鼻，是一道名副其实的"米饭杀手"。

主料

粉丝 ◗ 2把	小米辣椒 ◗ 1个
香葱 ◗ 1根	

辅料

姜 ◗ 1块	白糖 ◗ 适量
生抽 ◗ 1汤匙	食用油 ◗ 适量
老抽 ◗ 1/2汤匙	盐 ◗ 适量
郫县豆瓣酱 ◗ 1汤匙	

烹饪秘笈
粉丝一般选用绿豆粉丝，也可换成红薯粉代替。

做法

1 粉丝用清水泡开备用。

2 香葱切成葱花，小米辣椒切圈，姜切末。

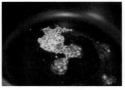

3 热锅下油，把姜末、小米椒爆香。

4 加入郫县豆瓣酱，炒出红油后倒入粉丝继续翻炒。

5 根据个人口味调入生抽、老抽、白糖和盐，翻炒均匀。

6 撒入葱花，待粉丝吸收了汤汁即可。

特色

藕尖也称藕带，是莲的嫩茎。藕带细脆、泡椒酸爽，这是一道健脾开胃的夏季小炒。

小荷才露尖尖角
酸辣小炒藕尖

| 烹饪时间 | 20分钟 |
| 难易程度 | 中等 |

—— 主料 ——

藕带 ◊ 300克　　泡椒 ◊ 3根
干辣椒 ◊ 2根

—— 辅料 ——

食用油 ◊ 适量　　蒜 ◊ 1瓣
生抽 ◊ 1汤匙　　姜 ◊ 2片
醋 ◊ 1汤匙　　　葱花 ◊ 适量

烹饪秘笈

醋的香气在高温下容易散掉，所以在炒菜时应最后放入醋来调味。

做法

1 将藕带洗净，去掉头尾，斜切成2厘米左右的长段。

2 姜蒜切碎，干辣椒和泡椒剪成斜长段的形状备用。

3 烧一锅开水，将藕带在开水中烫3分钟后捞出。

4 另起一锅烧热，倒入适量油，将蒜、姜、干辣椒炒香。

5 下入藕带翻炒，并加入生抽、醋、泡椒调味。

6 最后放入葱花，快速翻炒几下后即可起锅。

妈妈的味道
素丸子

烹饪时间 45分钟
难易程度 中等

特色

刚炸出来的素丸子带着"滋滋"的响声，金黄的颜色令人垂涎，忍不住想咬上一口。

主料

胡萝卜	1根
鸡蛋	1个
粉丝	1把
香菜	适量

辅料

面粉	50克
盐	1茶匙
五香粉	1茶匙
食用油	适量

做法

1 粉丝用清水泡开，捞出沥干，切碎。

2 胡萝卜洗净，用工具擦成丝；香菜切成碎末。

3 把胡萝卜、香菜、粉丝放入一个大碗中，打入一个鸡蛋，混合均匀，加入五香粉调味。

4 拌匀食材后，分次加入面粉和盐，慢慢混合成有黏性的面糊。

5 锅里倒入小半锅油，至少要能没过丸子。等待油烧热的过程中取一勺左右的面糊，团成丸子形状。

6 将丸子下入油锅中，小火炸至外表焦黄即可。

烹饪秘笈

蔬菜遇到盐会析出水分，面粉的量需要根据菜的出水量做适当调整。

营养贴士

胡萝卜所含的类胡萝卜素是脂溶性的，与脂类结合才可以酶解而被身体吸收。做成油炸素丸子，除了美味，又增添了一份营养。

最佳配角
洋葱圈

| 烹饪时间 | 30分钟 |
| 难易程度 | 中等 |

特色

洋葱圈和薯条一样，是特别适合搭配汉堡、三明治的小食。洋葱辛辣，裹上有滋有味的面衣，炸到金黄酥脆，辛辣味退去，甜味自然显现出来。

1 洋葱切去两头，去掉老皮，切成薄于2厘米的厚圆片。剥开成洋葱圈，大号的洋葱圈留用。

2 大蒜粉、黑胡椒粉和辣椒粉混合均匀成调料粉。

3 将调料粉撒在洋葱圈上，尽量撒匀，用手略翻拌一下，让调料粉更均匀，动作要轻，不要弄断洋葱圈。

4 鸡蛋打散，加入牛奶和盐，搅拌均匀成为蛋奶液，放入深盘中待用。

5 洋葱圈先在面粉中裹一下，然后蘸满蛋奶液，最后裹满面包糠，里外都要裹好。

6 将裹好的洋葱圈放入油锅中炸至金黄，裹一个放入锅中炸一个。

7 将洋葱圈炸到满意的颜色就捞出，直接放在厨房纸上吸掉多余油分。

8 在番茄酱中加入蒜蓉辣椒酱，搅拌均匀，摆在炸好的洋葱圈旁边即可。

主料

洋葱	2个
鸡蛋	2个
牛奶	150毫升
低筋面粉	150克
面包糠	100克

辅料

大蒜粉	2茶匙
黑胡椒粉	1/2茶匙
辣椒粉	1/2茶匙
盐	2茶匙
番茄酱	3汤匙
蒜蓉辣椒酱	2茶匙
食用油	适量

烹饪秘笈

最初撒调料粉时一定不要撒盐，盐放在蛋奶液里就好，过早接触盐会让洋葱圈失去水分，变软影响口感。生的洋葱也能吃，所以炸时只要外壳的颜色炸好即可。如果喜欢吃厚一点的面壳，可以增加一次裹面粉、蛋奶液的过程。

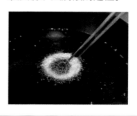

● 营养贴士

洋葱能降低血黏度、降血压、提神醒脑、舒缓压力、预防感冒。此外，洋葱还能增强新陈代谢，抗衰老，是适宜经常食用的具有保健功效的食品。

咖喱的鼻祖
印度茄子咖喱

烹饪时间 **30分钟**

难易程度 **中等**

特色

软烂的咖喱刺激你的味蕾，更易于消化，具有浓浓的异国风味。

—— 主料 ——

小南瓜 ▌1/2个　　洋葱 ▌1/2个

茄子 ▌1个　　　青尖椒 ▌1个

—— 辅料 ——

咖喱粉 ▌2汤匙　　茴香 ▌适量

盐 ▌适量　　　　孜然 ▌适量

桂皮 ▌适量　　　蒜 ▌2瓣

香叶 ▌适量　　　香菜 ▌1根

丁香 ▌适量　　　食用油 ▌适量

—— 做法 ——

1 南瓜和茄子洗净去皮，切成1厘米见方的小块。

2 洋葱切成丁，青尖椒切成小圈，蒜和香菜切末备用。

3 烧一锅开水，将南瓜、洋葱下入煮软。南瓜变软后下入茄子，继续盖上锅盖炖煮。

4 食材变软后，加入2汤匙左右的咖喱粉和适量盐调味。并用勺子不断翻动食材，压至软烂。

5 另起一炒锅下油，放入桂皮、香叶、丁香、茴香、孜然煸出香味。然后将香料捞出，下青尖椒和蒜末爆香。

6 将炖软的食材盛出放入炒锅，并不断用锅铲压烂，加入香菜末，直到所有食材混合成均匀糊状。

烹饪秘笈

如在炒制过程中感觉锅内变干，可以盛一勺炖锅中的汤到炒锅内，继续翻炒均匀。

特色

丰富的食材搭配，简单的汤底原料，在天冷的时候怎么能不来一碗热腾腾的关东煮呢？

暖心好"煮"意

日式关东煮

| 烹饪时间 | 150分钟 |
| 难易程度 | 中等 |

—— 主料 ——

昆布 ▮ 2片　　　胡萝卜 ▮ 1/2根
干香菇 ▮ 4朵　　苹果 ▮ 1个
白萝卜 ▮ 1根

—— 辅料 ——

娃娃菜 ▮ 1棵　　盐 ▮ 1茶匙
玉米 ▮ 1个　　　生抽 ▮ 2汤匙
豆腐 ▮ 1块

做法

烹饪秘笈

可以随自己的喜好搭配食材，也可以用汤底煮一碗乌冬面。

1 干香菇和昆布洗去浮尘，分别放在不同的碗里用冷水浸泡半天。

2 白萝卜和胡萝卜去皮，切成3厘米左右的段。苹果洗净，切成四瓣。

3 汤锅中放入泡好的昆布和泡昆布的水，一同放入白萝卜、香菇、胡萝卜和苹果，并加入大量的水没过食材。

4 开大火，煮开后盖上盖子，转小火煮2小时。将苹果捞出，汤中加入盐和生抽，做成关东煮的汤底。

5 娃娃菜洗净切成四瓣，豆腐切成厚片，玉米切段。

6 将自己喜欢的配菜下入锅中煮熟即可。

深夜居酒屋
时蔬天妇罗

烹饪时间 45分钟
难易程度 高级

特色

脆而不腻的时蔬天妇罗比海鲜还要好吃，五颜六色的食材，不仅赏心悦目，营养和口感也极为丰富。

—— 主料 ——

金针菇	1小把
南瓜、莲藕	各适量
西葫芦、秋葵	各适量

—— 辅料 ——

低筋面粉	100克
泡打粉	6克
盐	适量
无气泡苏打水	150毫升
植物油	适量

做法

1 所有蔬菜分别洗净，沥干水分。

2 南瓜、莲藕、西葫芦去皮，切成3毫米厚的片。金针菇分成适合入口的小束。

3 面粉和泡打粉混合均匀，再加入15毫升植物油微微搅拌。

4 面糊中加入苏打水、适量盐，再次搅拌均匀。

5 起锅烧热油，将准备好的时蔬裹上薄薄的一层面糊，中火炸至表面金黄即可。

6 将炸好的时蔬天妇罗捞出，用吸油纸吸去多余的油分即可。

烹饪秘笈

做天妇罗的时蔬尽量要选择水分少的种类，炸制时油温不可过高，时间根据时蔬种类调节，一般为1~3分钟。

营养贴士

选择当季时令最新鲜的蔬菜，我们的身体也恰好需要这些当季蔬菜的营养，这是大自然送给我们最好的礼物。

清热祛暑
素烧冬瓜

烹饪时间	25分钟
难易程度	中等

特色

冬瓜不含脂肪，且具有祛湿消脂的功效。简单又清淡的素烧冬瓜非常适合减肥人群食用。

1 冬瓜洗净去皮，切成适宜入口的厚片。

2 葱蒜切碎，干辣椒斜着剪成圈。

3 烧半锅开水，水开后将冬瓜片下入，煮1分钟后捞出，冲凉水备用。

4 锅内倒入2汤匙油，小火将花椒粒煸出香味，捞出花椒粒。

5 下入蒜末、干辣椒爆香，倒入冬瓜大火快炒1分钟左右。

6 加入盐和生抽翻炒均匀，盛入一勺煮冬瓜的水入炒锅中，转小火，盖上盖子焖煮10分钟左右。

7 冬瓜变软后，撒入葱花，转大火收干汤汁起锅。

主料

| 冬瓜 | 300克 |

辅料

蒜	2瓣
香葱	1根
花椒粒	适量
干辣椒	2根
生抽	1汤匙
盐	2克
食用油	2汤匙

烹饪秘笈

不喜欢软烂的口感，可以适当缩短焖煮冬瓜的时间。

🍃 营养贴士

冬瓜利尿消肿、清热解毒、清胃降火，并有消炎之功效，在夏日食用尤为适宜。

消食健脾
红烧萝卜

烹饪时间 **25分钟**
难易程度 **中等**

特色

白萝卜含有多种维生素和微量元素，可以提高人体的抵抗力。白萝卜富含的酶还有助消化的作用，能化解胃中积食，是养胃佳品。

—— 主料 ——

白萝卜 ◦ 1根

—— 辅料 ——

老抽 ◦ 1汤匙　　香葱 ◦ 1根
白糖 ◦ 2汤匙　　食用油 ◦ 少许

做法

1 白萝卜洗净去皮，切成适宜入口的滚刀块；香葱洗净，切葱花。

2 炒锅放入少许油，油微热时放入白萝卜块，翻炒1分钟左右。

3 加入老抽、白糖，翻炒至白萝卜均匀上色。

4 锅内加入可以没过白萝卜的水，盖上锅盖，中小火焖烧15分钟左右。

5 看到锅内的汤汁快要烧干时，打开锅盖，撒入一把葱花。

6 转大火翻炒几下，收干汤汁即可。

烹饪秘笈

白萝卜水分较多，下锅后可能会崩油。可用厨房纸巾吸取表面水分后再下锅。

特色

这是韩剧里出镜率极高的家常菜，既简单快手又清新健康，是一道适合全家人食用的美食。

香煎西葫芦

烹饪时间	20分钟
难易程度	简单

--- 主料 ---

西葫芦 ▮ 1个

--- 辅料 ---

青辣椒 ▮ 1个	面粉 ▮ 适量
红辣椒 ▮ 1个	食用油 ▮ 少许
鸡蛋 ▮ 1个	盐 ▮ 适量

烹饪秘笈

西葫芦不吸油，所以只要少许油润锅就可以了。

做法

1 西葫芦洗净，切成0.5厘米左右厚的圆片。

2 青辣椒和红辣椒斜着切成大小相似的辣椒圈。

3 鸡蛋加入适量盐打散，和面粉分别放在两个小碗里备用。

4 西葫芦片两面粘上薄薄的一层面粉后，再裹上一层蛋液。

5 平底锅刷上很浅的一层油，放入裹好蛋液的西葫芦小火煎制。

6 在西葫芦片朝上的一面摆放上青红辣椒圈作为点缀，一面煎熟后再翻面煎熟即可。

103

金沙南瓜

烹饪时间 25分钟

难易程度 中等

特色

完全不用油炸的南瓜更符合现代人的健康需求，清甜与咸香搭配出的美味叫人食指大动。

主料

南瓜	500克
熟咸鸭蛋	1个

辅料

食用油	适量

做法

1 南瓜削皮去子，切成一指宽的长条。

2 起一锅开水，水沸后将南瓜焯1分钟左右。

3 捞出南瓜条放凉备用。

4 咸鸭蛋剥皮，放在碗中捣成尽量细碎的末。

5 锅内加入适量油，下入咸鸭蛋碎末炒香，看到咸鸭蛋炒出很多泡沫的时候最佳。

6 加入南瓜条翻炒2分钟，直至南瓜条均匀裹上咸鸭蛋即可。

烹饪秘笈

咸鸭蛋的蛋白比较咸，不需要额外加盐。若只用蛋黄则需要加盐调味。

🥜 营养贴士

南瓜含有丰富的糖类，所以老南瓜吃起来又香又甜。并且南瓜中含有丰富的锌，是促进人体发育的重要物质，常吃有助于孩子的成长。

以假乱真的美味
赛螃蟹

烹饪时间 25分钟
难易程度 中等

特色

这道菜口感滑嫩，营养丰富，用简单的食材就能做出难得的美味，虽无螃蟹，却有蟹味，故名"赛螃蟹"。

—— 主料 ——

鸡蛋	4个
姜	1块

—— 辅料 ——

陈醋	2汤匙
料酒	1/2汤匙
白糖	1汤匙
盐	1/2汤匙
食用油	适量

做法

1 姜去皮，切成细末备用。

2 鸡蛋打到碗里，不需要搅拌均匀。

3 将陈醋、料酒、白糖、盐按照4：1：2：1的比例调成味汁，搅拌均匀。

4 味汁中拌入切好的姜末备用。

5 热锅下入油，放入鸡蛋，用筷子快速搅散，炒成蟹黄和蟹肉的感觉。

6 放入调料汁，搅拌均匀即可关火盛出。

烹饪秘笈

鸡蛋要炒得嫩嫩的，口感才会更像螃蟹。

🥜 营养贴士

鸡蛋黄中含有较多的胆固醇，每人每天吃一两个鸡蛋为宜，这样既有利于消化吸收，又能满足机体的需要。鸡蛋中的卵磷脂、蛋黄素及各类维生素对增进神经系统的功能大有裨益，是很好的健脑食物。

完美滑嫩高颜值
秋葵蒸水蛋

烹饪时间 40分钟
难易程度 中等

特色

水蒸蛋口感鲜嫩光滑，秋葵的点缀不仅提高了这道菜的颜值，还带来了不同的口感以及更多的营养。

主料

鸡蛋 ▮3个　　秋葵 ▮1根

辅料

盐 ▮1茶匙　　生抽 ▮适量

做法

1 鸡蛋打入碗里，用筷子快速搅拌均匀。

2 加入盐和鸡蛋等量的温水调匀，静置15分钟消除气泡。

3 秋葵洗净，切成尽量薄的片。如果切得太厚就不能飘在蛋液上了。

4 将切好的秋葵轻轻放在静置好的鸡蛋液上，盖上盖子或保鲜膜。

5 蒸锅加入水，将碗冷水上锅，蒸15分钟。

6 取出后不要掀开蒸蛋的盖子，闷2分钟左右，然后按个人口味淋上生抽即可。

烹饪秘笈

如果静置后蛋液表面还有气泡，可以用厨房纸巾轻轻吸掉。

特色

表皮焦脆的金银两色鸡蛋，搭配上呛辣的青红椒，口味层次丰富，还带有喜庆的好彩头。

—— 主料 ——

鸡蛋 ▮ 4个

—— 辅料 ——

蒜 ▮ 3瓣	食用油 ▮ 适量
青椒 ▮ 1个	淀粉 ▮ 适量
红椒 ▮ 1个	盐 ▮ 1/2茶匙

爱上吃鸡蛋

小炒金银蛋

烹饪时间 35分钟
难易程度 中等

烹饪秘笈

用刀切鸡蛋时，蛋黄容易粘在刀上。可以用干净的棉线将蛋分割成两半。

做法

1 鸡蛋冷水下锅，水开后煮10分钟左右，取出在凉水中浸泡至冷却后剥皮备用。

2 蒜拍扁，青红椒斜切成菱形的块。

3 为了让蛋黄不易脱落，将鸡蛋对半切开后，两面可以用手拍上一点淀粉。

4 平底锅放入油，油热后将鸡蛋煎至两面金黄。

5 将鸡蛋拨到锅边，用多余的油将蒜瓣爆香，下入青红椒，推入鸡蛋，翻炒均匀。

6 放入约1/2茶匙盐调味，即可出锅。

赏心悦目小清新
莴笋炒鲜百合

烹饪时间 30分钟
难易程度 中等

特色

洁白的百合，搭配嫩绿的莴笋，颜色与口感一样清新，不仅赏心悦目，而且健康美味。

—— 主料 ——

莴笋	1根
鲜百合	1头

—— 辅料 ——

白果	适量
盐	1/2茶匙
白糖	少许
食用油	少许

做法

1 百合切去两头，择去外皮黑色的部分。

2 将百合一片片掰成小瓣，洗净沥干。

3 莴笋洗净削去表皮，切成菱形的薄片。

4 白果洗净，起一锅开水，水开后将白果焯2分钟左右捞出备用。

5 炒锅内放少许油，放莴笋片翻炒片刻。

6 加入百合和白果快速翻炒，加入1/2茶匙盐和少许白糖调味即可。

烹饪秘笈

百合受热过度会发黑，而且炒得太面会影响口感。所以入锅稍微翻炒一会儿，边缘变得透明就可以出锅了。

营养贴士

百合甘凉清润，可清肺润燥、清心安神，肺燥咳嗽、虚烦不安者可常用。百合还富含黏液质及维生素，可促进皮肤细胞新陈代谢，有一定美容作用。

清肠排毒保健菜
黄花菜炒木耳丝

烹饪时间 45分钟
难易程度 中等

特色

木耳滑嫩，黄花菜鲜美，二者搭配，可以降低血黏度、软化血管、清肠排毒，经常食用有良好的保健作用。

主料

干黄花菜 25克
干木耳 5~10朵

辅料

蒜 2瓣　　　　盐 1/2茶匙
香葱 1根　　　食用油 适量

做法

1 黄花菜用清水泡30分钟，清洗几遍后，捞出沥干水分。

2 木耳泡发，择去老根，洗净泥沙。

3 木耳切成和黄花菜差不多粗细的丝。

4 香葱切成葱花，蒜切成蒜末。

5 热锅入油，下入蒜末爆香。随后下入黄花菜和木耳丝翻炒均匀。

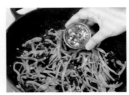

6 加入约1/2茶匙盐调味，最后撒入葱花快速翻炒匀即可。

烹饪秘笈

黄花菜在泡发的过程中需要多次换水清洗，这样能最大程度洗去异味。

好看又美味

雪花素锅贴

烹饪时间 **70分钟**
难易程度 **高级**

主料

菠菜	500克
干木耳	30克
鸡蛋	3个
面粉	200克

辅料

食用油	适量
盐	1茶匙
五香粉	1茶匙

做法

1 用小半碗热水将面粉和成光滑的面团。少量多次加入热水，直到面团揉至软硬适中。盖上湿布将面团醒半小时备用。

2 木耳洗净泥沙，用清水泡发后，切成碎末。

3 菠菜洗净，在沸水中烫至变色即可捞出，挤干水分。将菠菜切成碎末后再次用手挤出多余水分。

4 在锅中加入比平时炒菜略多一些的油，烧热后将搅打均匀的蛋液迅速炒碎，盛出备用。

5 将木耳碎、菠菜碎、鸡蛋碎混合均匀，加入大约1茶匙盐和1茶匙五香粉调成素馅。

6 取出醒好的面团擀成饺子皮，加入素馅包成锅贴的形状。

7 另取一只干净的碗，将油、面粉、水按1:1:6的比例调成像豆浆一样略浓稠的糊。

8 将包好的锅贴按顺序摆放在不粘平底锅里，均匀地倒入面糊，大火烧开。开锅后转中火，盖上锅盖焖四五分钟，直到面糊干了即可关火。

烹饪秘笈

取出雪花锅贴时，先用盘子扣在锅上，手扶住盘子反转180°就可以将一整锅锅贴完美地取出。

营养贴士

菠菜富含胡萝卜素、维生素C及铁等矿物质；木耳富含植物胶原成分，有较强的吸附作用，能够排除肠道内的废物。营养丰富的内馅，包裹着焦香的外皮，好看又美味。

满园春色关不住
玫瑰花锅贴

烹饪时间 45分钟
难易程度 高级

烹饪秘笈

卷玫瑰花时，底部稍稍用力，花形会更好看。如果饺子皮不够黏，可沾适量水抹在饺子皮上。

特色

底皮金黄焦脆的锅贴，咬下去满口生香。做成别致的玫瑰花造型，想必会成为你餐桌上的高颜值主食。

做法

1 西葫芦洗净，切成丝，加1茶匙盐腌制5分钟左右，用手挤去多余水分。

2 鸡蛋打散，在炒锅中炒成蛋碎备用。

3 将西葫芦丝和蛋碎拌在一起，加适量油、盐调制成有黏性的馅料。

4 取几张饺子皮，每张盖住下一张的一半，横着摆成一排。

5 在饺子皮中间铺上馅料，沿中线将下部的饺子皮与上部对折。

6 从最外侧的饺子皮开始，从左至右或从右至左地将饺子皮卷成玫瑰花的形状。

7 平底锅烧热后倒入薄薄一层油，将玫瑰花锅贴在锅内整齐摆放好。

8 大火烧5分钟后，加两杯水。水开后转中小火，盖上盖子焖10分钟左右，等到汤汁吸干即可。

主料

饺子皮 ◗ 适量　　　鸡蛋 ◗ 2个
水发木耳 ◗ 5朵　　圆白菜 ◗ 1/2棵
胡萝卜 ◗ 1/2根　　豆腐 ◗ 1/2块
西蓝花 ◗ 1/2棵

辅料

盐 ◗ 1½茶匙　　生抽 ◗ 适量

烹饪秘笈

饺子皮填入底馅时要适量，若
底馅太多，放四色碎末的空间
就会太小，不够饱满。

四喜素蒸饺

烹饪时间 **60分钟**
难易程度 **高级**

特色

四喜蒸饺所包的四物各不相同，让全面的营
养都汇聚在小小的蒸饺之中。

做法

1 圆白菜去掉中间
的菜梗，洗净后切
成碎末。

2 圆白菜末中加入
1茶匙盐拌匀，腌制
15分钟后挤去水分。

3 半块豆腐用手捏
碎，加入到腌好的
圆白菜末中。加入1
个鸡蛋清，用手顺
着一个方向拌成黏
稠的馅，调入大约
1/2茶匙盐和2汤匙
生抽作为基础馅料。

4 将剩余的鸡蛋黄
和一整个鸡蛋搅打
均匀，在平底锅中
煎成蛋皮。

5 水发木耳、胡萝
卜、西蓝花、蛋皮
分别切成碎末备用。

6 取一张饺子皮，
在中间包上一团鱼
丸大小的基础馅料。

7 将饺子皮左右两边
向中间捏紧，再将上
下两边向中间捏紧。

8 用茶匙将四个对
角撑开，分别填入
四色碎末。

9 蒸锅内水开后，
将蒸饺上锅大火蒸8
分钟即可。

家常葱油饼

| 烹饪时间 | 50分钟 |
| 难易程度 | 中等 |

特色

外酥里嫩、丝丝分明的葱油饼，口味咸香。趁热搭配豆浆或热汤，就是很满足的一餐。

主料

面粉	350克

辅料

食用油	3汤匙
香葱	80克
五香粉	2茶匙
盐	适量

做法

1 取300克面粉，少量多次加入适量温水，揉成光滑的面团，盖上保鲜膜，醒半小时备用。

2 香葱取一半切成葱花，另一半切成段。

3 锅内放宽油，大约3汤匙。油热后加入2茶匙左右的五香粉和香葱段，炸成葱油。

4 葱炸焦后关火，将葱捞出不要。

5 取一只无水的碗，加入50克面粉。将葱油倒入面粉中，不停搅拌，烫成油酥。

6 取出醒好的面团，再次揉匀，揪成乒乓球大小的剂子，揉圆后擀成长方形。

7 在面皮上均匀抹上油酥，按个人口味撒上薄薄一层盐和葱花。从长方形长的一边开始，像折扇子一样把饼折好。

8 将折成长条型的饼从一端开始盘成圆形，尾端压在饼身下。用擀面杖向着各个方向擀成圆形的面饼，在平底锅中两面烙熟即可。

烹饪秘笈

如果一次做的太多，可以将饼盘起来后，上下各盖上一张光滑的烘焙纸。擀好后放到冰箱冷冻起来，吃的时候掀开烘焙纸直接烙熟就可以了。

营养贴士

葱含有具有刺激性气味的挥发油和辣素，能产生特殊香气，并有较强的杀菌作用，可刺激消化液分泌，增进食欲。

漂亮的家常面点
花环素馅饼

烹饪时间 **60分钟**
难易程度 **中等**

主料

面粉	200克
菠菜	250克
胡萝卜	1/2根
粉条	适量

辅料

盐	1茶匙
生抽	2汤匙
食用油	少许

做法

1 面粉适量，分次加入温水，揉成光滑的面团，盖上保鲜膜醒半小时。水和面粉的比例约为1：4。

2 粉条用冷水泡开，在锅中煮软，捞出备用。

3 菠菜洗净，切去老根，在沸水中焯至变色，捞出挤去水分。

4 胡萝卜去皮洗净，用工具擦成细丝。

5 菠菜洗净，切成碎末；粉条切段，和胡萝卜丝、菠菜碎混合均匀。加入1茶匙盐、2汤匙生抽调成素馅。

6 案板撒上薄薄的一层面粉，将醒好的面团分成适中的小面团，并擀成圆形面皮。

7 将馅料放入两张面皮中间，顺着面皮捏出一圈花环形状的封口。

8 平底锅倒入薄薄一层油烧热，放入包好的馅饼，煎至两面金黄即可。

烹饪秘笈

和面用的温水要比人的体温略高，略微烫手但能接受的程度为最佳。

营养贴士

素馅饼既是主食又有大量的蔬菜作为馅料，含有碳水化合物、多种维生素及矿物质，营养全面而丰富。

包住整个春天
春饼

| 烹饪时间 | 60分钟 |
| 难易程度 | 简单 |

特色

半透明的春饼，裹上颜色各异的时令素菜小炒，仿佛包住了整个春天。吃春饼，也正合了"咬春"的习俗。

主料

面粉 ◦ 200克

辅料

食用油 ◦ 适量

烹饪秘笈

蒸好的春饼需要尽快揭开，避免叠在一起发生粘连。

做法

1 面粉加水，搅拌成棉絮状，顺着一个方向和成光滑的面团，盖上保鲜膜醒半小时。

2 醒好后再次将面团揉匀，分成乒乓球大小的面团。

3 将小面团揉圆拍扁，擀成比饺子皮略大一些的面片。

4 留出一张面片，将剩下所有的面片刷上一层油，叠在一起。没有刷油的面片放在最上方。

5 所有面皮叠好以后，用手轻轻将正反两面均匀按扁。

6 用擀面杖从面皮中间向四周擀薄，正反翻动几次，使面皮受力均匀。

7 蒸锅里垫好屉布，春饼冷水入锅，水开后蒸10分钟左右就可以了。

8 取出春饼，一层层揭开，按个人口味涂上甜面酱，配上各式凉菜、素炒菜卷起食用。

特色

简单快手的炒饼，即使是没有任何厨艺经验的菜鸟也可轻轻松松做出这道美味。

素炒饼

烹饪时间	30分钟
难易程度	简单

— 主料 —

大饼 ◗ 200克　　圆白菜 ◗ 1/4个

— 辅料 —

干辣椒 ◗ 适量　　白醋 ◗ 少许
生抽 ◗ 1汤匙　　食用油 ◗ 适量

烹饪秘笈

像蛋炒饭一样，用隔夜的饼来制作这道炒饼，口味最佳。

— 做法 —

1 圆白菜洗净控去水分，切成细丝。

2 将饼切成筷子粗细的饼丝。

3 炒锅烧热，倒入适量油，小火放入干辣椒煸出香味。

4 转成中火，放入圆白菜丝翻炒，圆白菜变软时滴入少许白醋调味。

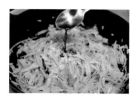

5 放入饼丝一同翻炒。

6 饼丝和菜丝混合均匀时，淋入少许生抽炒匀即可。

五谷杂粮最养人

杂粮窝头

烹饪时间 80分钟

难易程度 高级

特色

粗粮食品好吃又富含膳食纤维，热量很低，特别适合有减肥减脂需求的人群。

—— 主料 ——

紫米	100克
玉米面	400克
面粉	200克

—— 辅料 ——

酵母	5克
红枣	6颗
白糖	20克

做法

1 紫米提前2小时泡软，加入比煮粥略少一些的水，煮成软烂的紫米饭状。

2 依个人喜好在紫米中加入约20克白糖，混合搅拌成紫米糊。

3 将紫米糊、玉米面、面粉、酵母混合，揉成光滑略有些粘手的面团。

4 盖上保鲜膜，静置半小时左右。

5 醒面的时候可以处理红枣。将红枣洗净去核，切成碎末。

6 取出面团，加入红枣末，再次揉匀排气，分成大小适中的面团。

7 用手将面团捏出窝头的形状，再次静置醒发10分钟。

8 蒸锅中放入清水，水开后放入窝头蒸20分钟左右即可。

烹饪秘笈

蒸制窝头的时间需要根据大小适当调整，窝头较小可适量减少时间，较大可增加时间。

营养贴士

《黄帝内经》提出了"五谷为养，五果为助，五畜为益，五菜为充"的饮食调养原则，多吃粗粮对人体健康非常有益。

滇味风行
杂酱凉米线

| 烹饪时间 | 25分钟 |
| 难易程度 | 中等 |

特色

麻、辣、甜、香四味俱全，口感滑润，是云南夏秋两季家家户户最爱的美食。

—— 主料 ——

香菇 ◦ 5朵　　粗米线 ◦ 250克

—— 辅料 ——

黄豆酱 ◦ 适量	韭菜末 ◦ 少许
酱油 ◦ 少许	香菜末 ◦ 少许
蒜泥 ◦ 适量	食用油 ◦ 适量
花生碎 ◦ 适量	

—— 做法 ——

1 香菇洗净切成丁；炒锅烧热，倒入比平时炒菜略多些的油，将香菇丁炒香。

2 加入黄豆酱，小火不停翻炒几分钟，制成杂酱，喜欢吃辣也可加入几颗干辣椒。

3 米线放在沸水里，盖上盖子煮到软硬适中。如果是新鲜的米线不需要这一步骤。

4 煮好的米线取出用凉水冲洗干净，沥干水分。

5 米线放入大碗，倒入酱油，放入韭菜末、香菜末、蒜泥、花生碎。

6 浇上一勺香菇杂酱，拌匀即可。

烹饪秘笈

如果可以买到油鸡枞，可以用来替换香菇酱，味道更香浓，营养也更丰富。

特色

酱色诱人、蓬松透亮的酱油炒饭，做法虽然简单，营养和美味却毫不减少。在来不及买菜的时候，做一份酱油炒饭再好不过。

消灭隔夜饭
酱油炒饭

烹饪时间 **15分钟**
难易程度 **简单**

—— 主料 ——

剩米饭 200克　鸡蛋 1个

—— 辅料 ——

香葱 1根　　白糖 少许
老抽 1汤匙　食用油 适量

烹饪秘笈

炒好米饭后再淋入蛋液，可让鸡蛋均匀地裹在米饭上，如果想要颗粒感分明的鸡蛋碎，就在炒饭前先将鸡蛋炒好备用。

—— 做法 ——

1 香葱洗净，切成葱花。

2 鸡蛋在碗中打散，搅成均匀的蛋液。

3 炒锅烧热，倒入跟平日炒菜差不多的油，将米饭炒散，如果有大块的米饭，可以用锅铲竖着切开。

4 淋入老抽，炒匀上色，调入少许白糖提鲜。

5 炒匀后淋入蛋液，将炒饭再次翻拌均匀。

6 撒入葱花，翻炒2分钟即可。

懒人的福音
番茄焖饭

烹饪时间 | 50分钟
难易程度 | 中等

特色

只要按下电饭煲的煮饭键，就可以做出一锅热气腾腾、酸酸甜甜的焖饭，不得不说是懒人的福音。

主料

大米	1碗
番茄	1个
胡萝卜	1/2根
洋葱	1/2个
豌豆粒	1把
玉米粒	1把
香菇	2个

辅料

生抽	2汤匙
蚝油	1汤匙

做法

1 胡萝卜、洋葱、香菇洗净，切成和豌豆粒大小均等的蔬菜丁。

2 大米淘洗好，放入电饭锅，加入和平时蒸饭一样多的水。

3 番茄洗净，撕去表皮，挖去底部的蒂。

4 将番茄摆放在锅的中间，其他食材摆放在周围，按下煮饭键。

5 煮好后，将所有食材拌匀（番茄要捣碎），加入生抽、蚝油提味。

6 再次盖上锅盖，闷5分钟即可。

烹饪秘笈

可根据个人喜好选择不同的蔬菜，但注意如果换成含水分多的蔬菜，要适当减少蒸饭的水量。

营养贴士

番茄含有丰富的维生素C和番茄红素，对人体非常有益，可以增强免疫系统，减少疾病的发生。

换个花样吃炒饭
翡翠炒饭

| 烹饪时间 | 30分钟 |
| 难易程度 | 中等 |

特色

补铁的蔬菜与白米饭混合搭配，呈现出一道健康亮眼的主食，让人看着就食欲大增。

——— 主料 ———

菠菜	1棵
剩米饭	200克

——— 辅料 ———

盐	适量
食用油	少许

做法

1 菠菜去掉老根，将叶子洗净。

2 起一锅水，将菠菜叶放入沸水中焯至变色捞出。

3 焯过水的菠菜放入果汁机中打成菠菜泥。

4 将剩米饭和菠菜泥搅拌均匀，静置5分钟。

5 锅内倒入薄薄的一层油，倒入拌好的米饭，中火炒至米饭变得松散。

6 加入适量盐调味即可。

烹饪秘笈

炒饭如果想要粒粒分明，可以把剩饭放在冷冻室冻硬。炒饭前取出，稍微化冻拨散即可。

营养贴士

菠菜中的核黄素及铁、磷等矿物质含量高于许多蔬菜，对眼睛有很好的保健作用，常吃菠菜可以保护视力。

净化心灵的饭
瑜伽饭

烹饪时间 60分钟

难易程度 中等

特色

营养均衡的瑜伽饭，能稳定情绪、滋养身体、增加人的愉悦感。

主料

绿豆	50g
大米	50g
洋葱	1个
时令蔬菜	适量

辅料

姜	2片
大蒜	2瓣
食用油	适量
姜黄粉	1汤匙
辣椒粉	适量
胡椒粉、孜然	各少许
盐	适量

做法

1 绿豆洗净后泡1晚。

2 洋葱和时令蔬菜洗净切碎。大蒜和姜片也切成尽量细的末备用。

3 锅内加入500毫升水，将绿豆煮到开裂。

4 加入大米再煮15分钟。期间要不停搅拌，让食材均匀受热，防止粘锅。

5 另起一锅，加入比平时炒菜略少一点的油，下入洋葱、大蒜、生姜炒香。

6 洋葱变软后加入姜黄粉、辣椒粉、胡椒粉、孜然、盐调味，继续炒5分钟左右。

7 将炒好的食材倒入煮好的绿豆饭中，搅拌均匀。

8 加入喜欢的时令蔬菜，继续小火翻炒均匀。最后也可以加入葡萄干、花生米、腰果等丰富口感。

烹饪秘笈

大米换成糙米或藜麦更为健康，但注意需要同绿豆一起提前浸泡一晚。

营养贴士

瑜伽饮食遵循均衡的原则，尽量减少煎、炸、刺激性的食物。健康均衡的食物搭配不仅对消化系统有益，还能保持心理及神经系统的平衡。

香港街头·大排档
豉油皇炒面

烹饪时间 **40分钟**
难易程度 **中等**

特色

面条色泽黝黑明亮，口感爽滑弹牙，是粤港地区著名的特色小吃。在香港街头的大排档，酱香四溢的豉油皇炒面颇受欢迎。

主料

广式面饼 ◖1块　　韭黄 ◖适量
绿豆芽 ◖1碗

辅料

老抽 ◖2汤匙　　香葱 ◖1根
生抽 ◖1汤匙　　食用油 ◖适量
盐 ◖少许

做法

1 绿豆芽去头去尾，韭黄和香葱切成跟豆芽长度差不多的寸段。

2 烧一锅开水，将面饼放入煮熟。用筷子拨散，捞出在凉水中过一下，沥干备用。

3 炒锅放入比炒菜略多一些的油，放入沥干的面条，快速翻炒，直到面条都裹上油后盛出。

4 炒锅再次加入少许油，下入面条和豆芽翻炒。

5 调入生抽、老抽，炒至面条颜色均匀，加入少许盐调味。

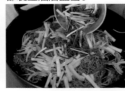

6 下入韭黄和葱段，快速翻炒几下即可。

烹饪秘笈

炒面前先将面条煎一下，可以使面条看起来油亮，又能增加香气。

主料

手工面 ⟋ 200克　　四季豆 ⟋ 100克

辅料

葱白 ⟋ 1/2根　　食用油 ⟋ 适量
姜 ⟋ 2片　　　　生抽 ⟋ 1汤匙
蒜 ⟋ 2瓣　　　　老抽 ⟋ 1汤匙
五香粉 ⟋ 适量　　盐 ⟋ 适量

烹饪秘笈

焖面时不要频繁地打开锅盖，
蒸汽跑掉了就无法焖熟面条了。

吃不够的老北京味
豆角焖面

烹饪时间 45分钟
难易程度 中等

特色

豆角和面条周身裹满汤汁，豆角脆嫩，面条筋
道，冲突的口感却带来别样的体验。

做法

1 四季豆掐去两头老筋，
掰成小段，洗净备用。

2 葱、姜、蒜切成碎末。

3 手工面加入少量油抖
散，防止粘连在一起。

4 炒锅烧热，加入比平时
炒菜多一些的油，将葱姜
蒜爆香。

5 放入四季豆，大火翻
炒片刻，调入五香粉、生
抽、老抽、盐。

6 倒入能没过食材的清
水，大火煮沸。

7 水沸后调成小火，将面
条抖开，松散地放在炒好
的豆角上。

8 盖上锅盖，用蒸汽将
面焖熟，直到锅底水分收
干，用筷子将面条和豆角
拌匀即可。

特色

手鞠寿司是日本女儿节的传统料理。"手鞠"本是一种线球，曾是女孩们的玩具，圆圆的造型蕴含圆满的意思。"手鞠寿司"像手鞠般小巧玲珑、色彩缤纷，故而得名。

---主料---

热米饭	适量
樱桃萝卜	1个
荷兰小黄瓜	1个
胡萝卜	1根
牛油果	1个

---辅料---

寿司醋	适量
芥末	适量

---做法---

1 将用电饭锅焖熟的热米饭，拌入寿司醋，静置10分钟左右入味。这段时间可以用来处理其他食材。

2 樱桃萝卜洗净，切薄片；小黄瓜洗净，用刮刀刮成长条；胡萝卜洗净，用模具刻成花，切成薄片。

3 取出牛油果果肉，打成果泥。

4 手上沾点凉水，把米饭分成婴儿拳头大小的球形。

5 把保鲜膜铺平，上面放上樱桃萝卜片，摆放成花朵形。

6 将米饭团摆在保鲜膜上，将保鲜膜裹紧成球形，取出备用。

7 两片黄瓜交叉成十字摆放在保鲜膜上，中间点上一点芥末。再放入米饭团包紧，取出备用。

8 取一片胡萝卜花摆放在保鲜膜中间，放上适量牛油果泥。再放入米饭团包紧即可。

烹饪秘笈

可以拎着保鲜膜上面的部分快速转圈甩动寿司，用离心力将寿司甩成圆形。

🌰 营养贴士

牛油果含有丰富的甘油酸、蛋白质及多种维生素，润而不腻，是天然的抗衰老剂，有"森林黄油"的美称。

一口吃下四季时蔬

田园风光素比萨

烹饪时间 90分钟
难易程度 高级

刚从红彤彤的炉膛里烤出的比萨色鲜味浓，香气诱人。一口咬下去，各种蔬菜在口腔中混合，给你随心所欲的味蕾之旅。

主料

高筋面粉	100克
玉米粒	适量
青椒	1个
圣女果	10颗
洋葱	1/4个

辅料

盐	1茶匙
白糖	2茶匙
酵母粉	适量
橄榄油	适量
比萨酱	适量
黑胡椒粉	少许

做法

1 面粉、白糖、盐、酵母粉混合搅拌，加入适量橄榄油和水，揉成光滑面团，油和水的比例约为1:5。

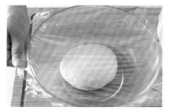

2 揉面时尽量朝着一个方向，揉20分钟后，盖上保鲜膜发酵。

3 青椒去子洗净，切成圈；圣女果洗净，对半切开；洋葱去皮切碎。

4 待面团发酵到2倍大时取出，再次揉5分钟左右排气。

5 将面团擀成大小合适的面饼，放入烤盘，表面刷一层橄榄油。

6 用叉子将面饼底部均匀扎出小孔，再涂上一层比萨酱或番茄酱。

7 按照颜色的过度铺上准备好的蔬菜，按照口味撒上薄薄一层盐和黑胡椒粉调味。

8 烤箱220℃预热，中层烤20分钟即可。

烹饪秘笈

如果不是不粘烤盘，需要在放入面饼前用黄油涂满烤盘，防止粘连。

🌰 营养贴士

在有氧环境中，酵母能将葡萄糖转化为水和二氧化碳，使面团中充满小气孔，令面食更加松软可口。同时，发酵后，面粉里一种影响钙、镁、铁等元素吸收的植酸可被分解，从而提高人体对这些营养物质的吸收和利用。

丰盛地中海风情
番茄意大利面

烹饪时间 **40分钟**
难易程度 **中等**

特色

意大利面口感非常紧实，有嚼劲。搭配上富含维生素C的浓浓番茄酱汁，营养又好吃。

—— 主料 ——

番茄 ▮ 2个　　洋葱 ▮ 1/2个
意面 ▮ 1小把

—— 辅料 ——

盐 ▮ 适量　　　橄榄油 ▮ 适量
白糖 ▮ 少许　　番茄酱 ▮ 2汤匙
蒜 ▮ 2瓣

烹饪秘笈

煮意面一定要用一口深锅，多放一些水才足够。

做法

1 番茄顶部划十字，放到开水中烫一下，剥去表皮，切成番茄丁备用。

2 洋葱切成小块，蒜切成末。

3 炒锅烧热，放入与平时炒菜一样多的油，加入蒜末炸至金黄，再加入洋葱炒香。

4 下入番茄丁，加入盐、白糖、番茄酱调味。盖上盖子小火熬制10分钟左右。

5 在熬制番茄酱的过程中，另起一锅水，加入几滴橄榄油和2茶匙盐烧开。将意大利面以放射状在锅中散开。

6 面条下沉时，从锅底搅拌以免粘连，煮10分钟左右。

7 捞出一根面，用手指捏断，如果断面中能看到针尖大小白色的心，表示此时的面软硬适中。

8 将意面捞出，快速放入煮好的酱汁中拌炒，令意面均匀裹上酱汁即可。

养心安神
百合木瓜汤

烹饪时间 50分钟
难易程度 简单

特色

一碗清甜的木瓜百合糖水温婉含蓄，一点一滴的滋养你的头发、皮肤和五脏六腑。

做法

1 木瓜去皮去子，切成小块。

2 雪梨洗净，切成小块。

3 鲜百合除去外层，掰成小片。

4 砂锅内放入清水，加入木瓜、雪梨大火煮开。

5 煮开后盖上锅盖，小火焖煮半小时。

6 转大火，加入鲜百合和冰糖，待冰糖全部溶化即可。

主料

木瓜	1/2个
鲜百合	1头
雪梨	1个

辅料

| 冰糖 | 适量 |

烹饪秘笈

尽量选用熟木瓜制作这道甜汤，表面有胶糖痕迹的木瓜会比较香甜。

营养贴士

经常喝这碗甜汤，会让你面色越来越红润。木瓜又称"万寿果"，有淡斑润肤、丰胸益乳的功效。搭配百合，还可以起到养阴润肺、养心安神的作用。

清肺解热
陈皮绿豆沙

烹饪时间 **70分钟**
难易程度 **简单**

特色

绿豆消暑止渴，陈皮气味芳香，两者搭配是一道非常经典的粤式甜品，最传统的搭配，煮出最难忘的味道。

—— 主料 ——

绿豆	200克

—— 辅料 ——

冰糖	适量
陈皮	1/2个

做法

1 绿豆洗净，入凉水浸泡1小时。

2 陈皮洗去表面的灰尘，掰成小块。

3 锅内多放一些水，加入陈皮和泡好的绿豆大火煮开。

4 煮至绿豆开花，将浮起的豆皮捞出。转中小火将绿豆煮烂。

5 煮绿豆沙的过程中，要不断用勺子将绿豆压碎，并常常翻动防止煳锅。

6 根据个人口味加入冰糖或蜂蜜，晾凉后味道更佳。

烹饪秘笈

喜欢口感更细化的绿豆沙，可以用搅拌机将绿豆打成泥。

🌰 营养贴士

绿豆沙是一种非常好的解暑食品，能清热消暑、解毒消痛、利尿除湿。

祛湿养颜
薏米红豆粥

烹饪时间 **60分钟**
难易程度 **简单**

特色

薏米和红豆均有祛湿功效，最适合在闷热潮湿的天气食用。红豆还有补血养颜的作用，常食可使面色红润。

主料

红豆 ♦ 300克　　薏米 ♦ 300克

辅料

冰糖 ♦ 适量　　蜂蜜 ♦ 适量

做法

1 将薏米和红豆放入锅中干炒10分钟左右，待薏米变黄、红豆发黑即可。

2 取一杯炒好的红豆薏米放入炖锅，加足量水。

3 开锅后，小火煮半小时，如果时间许可，可以继续焖半小时。

4 加入适量冰糖或蜂蜜调味即可。

烹饪秘笈

将薏米和红豆炒过再煮粥，更易熟烂，且味道更香。炒好的薏米红豆可以放在密封罐里，能保存半个月。

补肝肾，益精气
南瓜枸杞小米粥

烹饪时间 **50分钟**
难易程度 **简单**

—— 主料 ——

小米 ◦50克　　小南瓜 ◦1/2个

—— 辅料 ——

枸杞子 ◦适量

烹饪秘笈

提前将小米浸泡一夜，熬煮时会更加节省时间。

做法

1 小米洗净，放入锅中，加入足量水，大火煮开，转为小火慢煮。

2 南瓜洗净，切成大块。

3 用微波炉或蒸锅将南瓜蒸软。

4 去掉南瓜皮，用勺子将南瓜压成泥。

5 把南瓜泥加入到小米粥中拌匀。

6 枸杞子用温水洗净，摆放在粥上作为点缀即可。

满满正能量

紫薯牛奶燕麦粥

烹饪时间 30分钟

难易程度 简单

一碗好粥不仅香醇美味，还具有超高的颜值。在忙碌的一天开始之前，用一杯好粥开启一份好心情。

—— 主料 ——

紫薯	1个
熟燕麦	3汤匙
牛奶	500毫升

做法

1 紫薯去皮洗净，切成小丁。

2 用微波炉或蒸锅将紫薯蒸软。

烹饪秘笈

紫薯切成小块蒸，会比一整块更容易蒸熟。

3 牛奶倒入锅中，中小火加热。

4 加入燕麦片，不停搅拌防止糊锅。煮开后关火，盖上盖子闷1分钟。

🌰 营养贴士

紫薯富含花青素，燕麦低糖高营养，牛奶钙质丰富，这碗粥能提供给你满满的能量和全面的营养。

5 紫薯丁一半压成紫薯泥，另一半直接倒入锅中。

6 将紫薯泥与牛奶燕麦粥混合均匀即可。

八宝粥

营养好全面

烹饪时间	140分钟
难易程度	中等

特色

用料可按配方来，也可自行选择。一口喝下多种杂粮，营养丰富又不易发胖。

主料

糯米 ♦ 30克		莲子 ♦ 8颗
紫米 ♦ 30克		银耳 ♦ 少许
红豆 ♦ 20克		桂圆干 ♦ 8枚
花生米 ♦ 10克		红枣 ♦ 5颗

辅料

冰糖 ♦ 适量

烹饪秘笈

为了煮出来的粥更加软糯浓稠，可以提前将食材浸泡一夜。

做法

1 糯米、紫米、红豆、花生米、莲子洗好，浸泡3小时以上。

2 银耳用清水泡发，撕成碎片备用。

3 红枣和桂圆洗净去核，切成片。

4 将糯米、紫米、红豆、花生米、莲子放入锅中，加入清水煮开。水开后转小火煮2小时，并不时搅动锅底防止煳底。

5 煮到黏稠时，加入红枣、桂圆和银耳，盖上锅盖焖一小会儿。

6 按口味加入适量冰糖调味即可。

特色

山药含有淀粉酶、多酚氧化酶等物质，有利于脾胃消化吸收，是一味平补脾胃的药食两用之品。与小米一同熬粥，更是补养脾胃的佳品。

—— 主料 ——

小米 ◗ 50克　　山药 ◗ 1/2根

—— 辅料 ——

枸杞子 ◗ 少许

强筋健脾，补中益气
山药小米粥

烹饪时间 **50分钟**
难易程度 **中等**

烹饪秘笈

小米粥煮开后，用勺子撇去浮沫，并用筷子将锅盖和锅体分隔出小缝，可以防止小米粥煮沸溢出。

—— 做法 ——

1 小米洗净，淘去杂质。

2 山药洗净去皮，切成薄片。

3 小米和山药在锅中煮熟，煮开后转小火煮半小时。

4 枸杞子洗净表面的灰尘，放入粥中即可。

青菜粥

烹饪时间 **70分钟**

难易程度 **中等**

特色

青菜粥的食材简单易得，如果配上一碟简单的小菜，就是健康低脂的一餐。

—— 主料 ——

大米	50克
小白菜	5棵

—— 辅料 ——

盐	1/2茶匙

做法

1 大米淘洗干净，加冷水浸泡半小时左右。

2 小白菜洗净，切成细丝。

3 锅中加入适量冷水，将水大火烧开后加入已浸泡好的大米。

4 煮到粥滚，调小火继续熬煮，并不时搅动一下，防止煳底。

5 煮到大米开花时，调成大火。加入青菜丝滚煮2分钟。

6 加入盐调味即可。

烹饪秘笈

青菜粥煮好后不要盖上锅盖，否则青菜容易变黄。

营养贴士

青菜中的膳食纤维可以促进肠道蠕动，排毒清肠，不会给身体带来额外的负担，适合消化能力差的老人和幼儿。

谷豆结合能美容
美龄粥

烹饪时间 75分钟
难易程度 中等

特色

相传此粥是为宋美龄研制的，浓浓的豆浆裹着香甜的糯米，令人胃口大开，回味无穷，是适合女性食用的一款好粥。

主料

豆浆 ▌800毫升　　大米 ▌20克
糯米 ▌80克　　　山药 ▌200克

辅料

枸杞子 ▌少许　　干玫瑰花 ▌1朵
冰糖 ▌适量

烹饪秘笈

可以根据豆浆的浓度和甜度调整冰糖和水的用量。

做法

1 糯米和大米混合，洗净后浸泡1小时以上。

2 山药洗净去皮，切成小块蒸熟。

3 蒸熟的山药装进保鲜袋，用擀面杖压成山药泥。

4 豆浆与水按4：1混合，大火煮沸。

5 加入泡好的米，煮到再次沸腾时加入山药泥，转小火熬制1小时左右。

6 不时搅动，看到米煮化了，加入适量冰糖调味，撒上枸杞子和干玫瑰花瓣装饰即可。

驱寒暖身汤

酸辣汤

烹饪时间	35分钟
难易程度	中等

—— 主料 ——

鸡蛋 ▮1个　　干木耳 ▮3朵
内酯豆腐 ▮1/2块

—— 辅料 ——

醋、酱油 ▮各1汤匙
黑胡椒粉、盐 ▮各1茶匙
水淀粉 ▮50毫升

烹饪秘笈

豆腐丝和蛋花容易煮碎，在煮汤时不要使劲搅拌，而要顺着一个方向轻推。

特色

冒着热气的酸辣汤，一碗下肚，身上微微出汗，让人喝了非常过瘾。天冷时喝上一碗，别提多满足了。

—— 做法 ——

1 木耳用水泡发，切成细丝。

2 内酯豆腐切成丝。

3 鸡蛋在碗中打散备用。

4 取汤锅，倒入高汤或清水烧开，煮沸后下入木耳丝和豆腐丝。

5 再次沸腾时，加入酱油和盐调色调味。

6 倒入水淀粉，汤变得浓稠时用汤勺边搅动边倒入蛋液。

7 蛋花以大火煮10秒左右，加入黑胡椒粉和醋调味，即可关火。

除湿消脂不水肿

冬瓜薏米汤

烹饪时间 **30分钟**

难易程度 **简单**

特色

冬瓜是一种药食兼用的蔬菜。冬瓜汤口味清新，软烂入味，解渴又清爽，非常适合夏季及体内湿气较重的人食用。

—— 主料 ——

冬瓜	200克
薏米	30克

—— 辅料 ——

盐	少许
胡椒粉	少许

做法

1 薏米洗净，用清水浸泡1小时以上。能泡上一夜最佳。

2 冬瓜去皮，切成1厘米左右的厚片。

3 锅中加水烧开，加入泡好的薏米。大火煮开后转小火，煮至薏米开花。

4 放入冬瓜片，大火烧开，再次转小火煮至冬瓜变得透明。

5 加入少许盐和胡椒粉调味即可。

烹饪秘笈

这是一道广东主妇的看家汤水，可甜可咸，可浓可淡。不添加任何调料，作为茶饮日常喝也可以。

● 营养贴士

薏米有利水消肿、健脾去湿、舒筋除痹、清热排脓等功效；冬瓜则有利尿消肿、清热解毒、消脂减肥等作用。这道汤是水肿型肥胖者的食疗佳品。

胃肠道黏膜卫士
南瓜浓汤

| 烹饪时间 | 20分钟 |
| 难易程度 | 简单 |

特色

南瓜所含的果胶可以保护胃肠道黏膜，促进溃疡愈合。顺滑香甜的南瓜浓汤，在西餐中用于蘸面包或中餐中用来配米饭食用都很适宜。

主料

南瓜 ▮ 300克　　牛奶 ▮ 200毫升
淡奶油 ▮ 50毫升

辅料

白砂糖 ▮ 适量

烹饪秘笈

如果不喜欢太浓稠的南瓜汤，可以将适量煮南瓜的水倒入料理机一起搅拌均匀。

做法

1 南瓜去皮去子，切成小块。

2 烧一锅水，将南瓜煮10分钟左右。筷子可以轻松插入即可将南瓜捞出。

3 煮好的南瓜倒入料理机，加入牛奶和淡奶油，打成南瓜浓汤。

4 尝一下南瓜浓汤的味道，如果觉得不够甜，可以加入适量白砂糖调味。

5 将南瓜浓汤倒入碗中。

6 可以在表面滴入几滴淡奶油作为装饰。

特色

番茄富含具有美白功效的维生素C，以及抗氧化作用的番茄红素。酸甜的番茄，软糯的土豆都化在这一碗汤中，满满的都是营养。

美白抗氧化
番茄土豆汤

| 烹饪时间 | 15分钟 |
| 难易程度 | 中等 |

—— 主料 ——

番茄 ♦ 2个　　　土豆 ♦ 1个

—— 辅料 ——

黄油 ♦ 适量　　　白糖 ♦ 少许
盐 ♦ 适量

烹饪秘笈

使用黄油是采取了西式汤的做法，也可以替换成植物油，汤的口感会更清淡。

—— 做法 ——

1 番茄洗净切成大块。

2 锅内加入少许黄油，将番茄炒烂，盛出备用。

3 土豆切成滚刀块。

4 锅中再加入适量黄油，将土豆在油锅中翻炒出香味。

5 将炒好的番茄和土豆倒入汤锅，加入适量清水，大火煮开。

6 煮到番茄化开、土豆变软时，加入适量盐和少许白糖调味即可。

护肝降血糖
青瓜竹荪汤

烹饪时间 20分钟
难易程度 中等

特色

竹荪有"菌中皇后"的美名，在古代是非常有名的"宫廷贡品"，近代也是国宴上的名菜。对这种质鲜味美的山珍，最简单的做法才最能体现食材的本味。

—— 主料 ——

荷兰小黄瓜	1根
干竹荪	10条

—— 辅料 ——

姜	2片
盐	适量

做法

1 竹荪用温水泡发，去除老根，洗净备用。

2 青瓜洗净，去掉头尾。用刮刀将青瓜刮成薄片。

3 锅中加入足量清水或高汤煮沸。

4 下入姜片、竹荪，水开后煮10分钟左右。

5 放入适量盐调味，下入黄瓜片，略煮半分钟即可。

烹饪秘笈

黄瓜不能久煮，下锅后快速搅拌几下立刻关火，马上食用才能保持清爽口感。

❀ 营养贴士

竹荪具有滋补强壮、益气补脑、宁神健体的功效，还能减少腹壁脂肪的囤积，有降血糖、降血脂和减肥的效果，有利于肝脏健康。

就要美美哒
竹荪红枣银耳汤

烹饪时间 | 90分钟
难易程度 | 简单

特色

小时候进竹林挖竹荪是一件好玩的事情，后来开始学做菜后才得知它的好，于是就再也没有放过它。甜汤中都是能够让你变美的食材，快学起来吧！

—— 主料 ——

银耳	100克
竹荪	80克

—— 辅料 ——

红枣	10颗
枸杞子	15克
冰糖	适量
蜂蜜	1汤匙

做法

1 银耳、竹荪提前用温水泡发待用。

2 泡发后的银耳仔细清洗干净，沥去多余水分待用。

3 泡好的竹荪剪去菌盖头，洗净，用手撕小块待用。

4 红枣洗净，剔除枣核待用；枸杞子洗净。

5 将准备好的银耳、竹荪放入汤煲中，加满水，大火煮至开锅。

6 开锅后放入红枣，并转小火焖煮1小时。

7 再加入枸杞子、冰糖，用勺子搅拌均匀，继续焖煮20分钟左右。

8 最后关火，待降至温热时，淋入蜂蜜搅拌均匀即可。

烹饪秘笈

煲汤时，开锅后一定要转小火慢慢煲；并要不时搅拌，以防止底部粘锅。

🌰 营养贴士

竹荪营养丰富，香味浓郁，滋味鲜美，具有益气补脑，润肺止咳，宁神健体的功效，还能防癌，提高免疫力。

维生素的宝库
杂菌汤

烹饪时间　25分钟
难易程度　中等

特色

"山珍"是菌类的代名词，一碗营养丰富的菌汤，既能温暖身体，又可保养容颜。

—— 主料 ——

平菇	200克
杏鲍菇	200克
蟹味菇	200克

—— 辅料 ——

食用油	少许
蒜	2瓣
姜	2片
料酒	1/2汤匙
盐	适量
白胡椒粉	少许

做法

1 三种菌类冲洗干净，平菇与蟹味菇撕成小朵，杏鲍菇切成片。

2 锅内倒入少量油，将蒜瓣、姜片爆香。

3 加入沥干水分的菌类，淋入料酒翻炒几下。

4 加足量水没过杂菌，盖上盖子。

5 先开大火煮沸，后转小火煮10分钟左右。

6 调入适量盐和白胡椒粉即可。

烹饪秘笈

炒菌类时的油要比平常炒菜少一些，目的是煸出蘑菇的香味，去除腥气。

营养贴士

菌类美味却热量很低，其蛋白质、维生素和矿物质含量也超过一般蔬菜，是很健康的减肥食品。

延年益寿之品

荸荠银耳汤

烹饪时间 | 80分钟
难易程度 | 中等

特色

历代皇家贵族都将银耳看作延年益寿之品。银耳黏稠润滑，荸荠脆爽多汁，再按个人口味加入红枣和桂圆，香甜又滋补。

—— 主料 ——

银耳	1朵
荸荠	6个
红枣	2颗
桂圆	6颗
枸杞子	少许

—— 辅料 ——

冰糖	适量

做法

1 银耳泡发，择去老根，撕成小片备用。

2 荸荠洗净，削去表皮。

烹饪秘笈

枸杞子和红枣在收尾前下锅，煮制时间不宜太长，否则营养成分容易流失。

3 红枣和枸杞子洗去浮尘，桂圆去皮去核。

4 锅中放入银耳、荸荠和桂圆，加入足量水大火煮开。

营养贴士

银耳中含丰富的胶质、多种维生素和17种氨基酸及肝糖，是名贵的营养滋补佳品。

5 加入冰糖，转小火慢炖1小时，至银耳变得软糯黏稠。

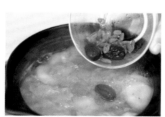

6 加入红枣和枸杞子，煮10分钟左右即可。

丰盛的植物胶质
玫瑰红糖桃胶羹

烹饪时间 **75分钟**

难易程度 **中等**

特色

桃胶又名"桃花泪"，是桃树分泌的胶质。与低脂高纤维的皂角米一同炖煮，佐以红糖玫瑰，不仅味道香甜，还可美容养颜。

—— 主料 ——

皂角米 ▮5克 　　 桃胶 ▮10克

—— 辅料 ——

玫瑰酱 ▮适量 　　 红糖 ▮适量

—— 做法 ——

1 桃胶和皂角米用清水浸泡一夜。

2 桃胶和皂角米涨发后，用清水冲洗净杂质。

3 炖锅内放入桃胶和皂角米，加入足量清水，烧开后慢炖1小时。

4 起锅后加入玫瑰花酱、红糖调味即可。

烹饪秘笈

用大一些的碗加足量水泡桃胶和皂角米，会使桃胶和皂角米膨胀得更大。

精致的日式甜点
草莓大福

烹饪时间 45分钟
难易程度 中等

特色

草莓大福是一种日式糕点，可当茶余饭后的甜点。也可将草莓换成自己喜欢的水果，获得多种味觉享受。

—— 主料 ——

牛奶草莓	6个
糯米粉	80克
豆沙馅	50克
玉米淀粉	15克

—— 辅料 ——

| 植物油 | 8克 |

做法

1 草莓洗净去蒂，用厨房纸巾吸去水分。

2 玉米淀粉均匀地倒在盘子上，用微波炉转至微微发黄。

3 糯米粉加入适量水和油，朝一个方向搅拌均匀成糯米糊。

4 将糯米糊放到蒸屉上隔水蒸熟，变成半透明状即可取出晾凉。

5 用豆沙馅均匀地把草莓包裹起来，露出草莓顶端的尖。

6 将糯米面团分成6份，手上粘些玉米淀粉，将糯米团完全包裹住豆沙馅即可。

烹饪秘笈

如果没有微波炉，可用无水无油的炒锅小火将玉米淀粉炒熟。

营养贴士

草莓富含果糖和大量维生素C，对老人和儿童大有裨益。草莓的营养成分容易被人体消化和吸收，多吃也不会受凉或上火，是老少皆宜的水果。

悠长的青草香气
青团

烹饪时间	60分钟
难易程度	中等

特色

清明节食青团是江浙一带的食俗，碧绿的青团外皮绵软糯韧，内馅甘甜细腻。从色彩到口感都透露着浓浓的春天气息。

—— 主料 ——

糯米粉 ◈ 300克　　黏米粉 ◈ 100克
大麦青汁粉 ◈ 25克

—— 辅料 ——

绵白糖 ◈ 20克　　食用油 ◈ 少许
豆沙馅 ◈ 1袋

烹饪秘笈

可以将烘焙纸裁成手掌大小，垫在青团下面再放入蒸屉，可以防止粘锅。

—— 做法 ——

1 青汁粉用热水冲开，加入白糖，搅拌均匀成青汁。

2 糯米粉和黏米粉混合均匀，加入青汁，揉成光滑的面团。

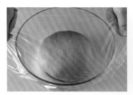

3 将面团盖上保鲜膜，醒半小时。

4 醒面过程中，将豆沙馅分成蛋黄大小的等份，揉圆备用。

5 取出面团，分成比豆沙馅大一些的等份，揉圆。

6 一手托着面团，一手转圈将面团捏成碗状。

7 放入豆沙馅，将面皮聚拢收紧，团成圆形。

8 将青团放在蒸屉上，大火蒸10分钟左右。蒸好后在青团表面刷上一层食用油可以防止粘连，也可以用保鲜膜包起来防止青团表皮变硬。

椰子奥利奥冰激凌

烹饪时间	**70分钟**
难易程度	**中等**

特色

自制冰激淋味道香醇，口感细腻，用料更加健康。嘴馋的时候吃一杯冰激淋就可以快乐一整天。

—— 主料 ——

椰浆 400毫升　　淡奶油 320毫升

—— 辅料 ——

椰丝 20克　　　白糖 100克
奥利奥饼干 3块

烹饪秘笈

冷冻时，每隔1小时取出搅拌一次可以使冰激凌口感更加细腻。重复搅拌三四次就可以了。

—— 做法 ——

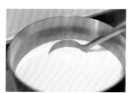

1 椰浆、淡奶油和白糖倒入锅中，中火边加热边搅拌。煮开后继续加热10分钟使水分挥发，成冰激凌液。

2 关火自然冷却。这段时间将奥利奥饼干压碎备用。

3 将冷却的冰激凌液放入保鲜盒冷冻。

4 1小时后取出，加入椰丝和奥利奥饼干，充分搅拌均匀。

5 拌匀后盖上盖子，再次放回冰箱冷冻5小时以上。

6 想吃的时候取出回软，用勺子挖取即可。

幽幽桂花香

椰汁桂花糕

烹饪时间 150分钟

难易程度 中等

特色

桂花香气扑鼻，桂花糕层次分明。在七夕情人节亲手制作一款甜蜜的桂花糕，非常应景。

—— 主料 ——

椰浆	200毫升
牛奶	200毫升
糖渍桂花	90克

—— 辅料 ——

白砂糖	40克
吉利丁片	40克

—— 做法 ——

1 吉利丁片分成两半，分别放在两个盘子里，用清水泡开。

2 椰浆、牛奶、白砂糖混合在一起加热。

3 白砂糖溶化后加入吉利丁片，搅拌均匀，放凉备用。

4 150毫升开水加入糖渍桂花，搅拌均匀。

5 将第二份吉利丁片沥干水分，加入桂花液中，搅拌至完全溶化，放凉备用。

6 在模具中倒入一半椰浆液，放入冰箱冷藏30分钟至完全凝固。

7 取出模具，倒入一半桂花液，再次冷藏30分钟。

8 再次交替倒入剩余的椰浆液与桂花液，最后一次冷藏2小时以上。

烹饪秘笈

一层凝固好后倒入第二层时，溶液一定要是凉透的，如果温度高会导致已凝固的下层再次融化。

 营养贴士

桂花中所含的芳香物质，能够稀释痰液，具有化痰、止咳、平喘的作用。

经典港式甜品
杨枝甘露

烹饪时间 90分钟
难易程度 中等

特色

芒果的甜遇到柚子的酸，香浓的椰浆混着口感弹牙的西米，一切都是刚刚好的味道。

—— 主料 ——

芒果	1个
柚子	3瓣
西米	50克

—— 辅料 ——

淡奶油	160克
椰浆	300毫升

—— 做法 ——

1 起一锅水烧开，水沸后放入西米。煮至西米中间只剩一个小白点，即可关火，闷5分钟再捞出，过凉备用。

2 柚子剥成柚子粒。

3 芒果洗净，去皮去核，将芒果肉切成丁。

4 留下一些形状方正的芒果丁，剩余的芒果放入料理机，与淡奶、椰浆一起打成芒果泥。

5 将芒果泥倒入杯中，加入放凉的西米。

6 加入柚子粒和芒果丁，冷藏1小时即可享用。

烹饪秘笈

西米吸水性很好，在煮西米时要多放些水，并不时搅动一下，防止粘锅。

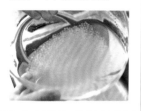

营养贴士

常食芒果可以补充胡萝卜素及维生素C；柚子所含的维生素P能强化皮肤毛细孔功能，加速复原受伤的皮肤组织，这是一道具有美容功效的甜品。

漂亮好吃的清凉甜品

芋圆龟苓膏

烹饪时间 60分钟
难易程度 高级

特色

芋圆香甜弹牙，龟苓膏软嫩顺滑，二者搭配，是夏天的消暑圣品，还有清热解毒的功效。

主料

芋头	200克
南瓜	200克
紫薯	200克
木薯粉	600克

辅料

椰奶	200毫升
炼乳	适量
龟苓膏	适量

做法

1 芋头、南瓜、紫薯洗净，蒸熟。

2 用勺子分别将芋头、南瓜、紫薯压至成泥。

3 分别加入适量木薯粉，揉成光滑的面团。

4 将面团搓成长条，切成适宜入口的小块。

5 锅内加水烧开，下入各色芋圆。浮起后略煮2分钟左右即可捞出过凉水。

6 龟苓膏切成小块，铺在碗底。

烹饪秘笈

一次吃不完的芋圆可以滚上些木薯粉，放在保鲜袋里冷冻保存。

营养贴士

龟苓膏是历史悠久的传统药膳，最初专供皇帝食用，具有清热去湿、润肠通便、滋阴补肾、养颜提神的功效。

7 加入各色芋圆，倒入椰奶和炼乳即可。

179

换种方式吃水果
水果寿司

| 烹饪时间 | 70分钟 |
| 难易程度 | 中等 |

特色

酸甜的水果做成各种造型，最能吸引小朋友的注意。换个花样，让下午茶变得更加惊喜吧！

--- 主料 ---

大米 ◊ 100克　　椰奶 ◊ 50毫升
猕猴桃、芒果、草莓、树莓、菠萝等时令水果 ◊ 各适量

--- 辅料 ---

白糖 ◊ 3茶匙　　椰丝 ◊ 适量
盐 ◊ 1茶匙

烹饪秘笈

切寿司时可以用刀沾些水，这样米饭不容易粘刀。

做法

1 大米洗净，加入3茶匙白糖、1茶匙盐和适量水，蒸成米饭。

2 米饭蒸好后加入50毫升椰奶拌匀。

3 将时令水果洗净；猕猴桃去皮切片；芒果去皮、核，用刮刀刮成薄片。

4 将草莓、树莓竖着切开；菠萝去皮，切成长条。

5 寿司帘铺上一层保鲜膜，放入拌好的米饭铺平。

6 将喜欢的时令水果放在中间，卷成寿司。

7 可以将芒果片包在寿司外，或在大米外裹上一层椰丝。

8 剩下的大米可以捏成手握寿司的样子，上面摆上时令水果即可。

特色

松软的煎饼是西方传统的早午餐，在睡懒觉的周末里制作一份美式煎饼，带给自己一天的正能量。

松软喷香的早午餐
美式煎饼

| 烹饪时间 | 30分钟 |
| 难易程度 | 中等 |

—— 主料 ——

鸡蛋 ◊ 1个　　牛奶 ◊ 200毫升
中筋面粉 ◊ 150克

—— 辅料 ——

泡打粉 ◊ 1茶匙　　食用油 ◊ 适量
盐 ◊ 1/2茶匙　　蜂蜜 ◊ 适量
白糖 ◊ 2茶匙

烹饪秘笈

煎饼时平底锅只要薄薄一层油即可，如果是不粘锅可不用放油。

—— 做法 ——

1 鸡蛋在大碗里打散，加入牛奶和食用油搅拌均匀。

2 面粉和泡打粉、盐、白糖混合均匀，筛入蛋液中，再次搅拌均匀。

3 平底锅烧热，加入少许油。

4 倒入一勺面糊，煎到表面冒泡。

5 翻转煎饼，煎至两面金黄。

6 出锅装盘，依个人口味淋上蜂蜜或搭配培根煎蛋享用。

令人惊艳的宫廷御点
玫瑰鲜花饼

烹饪时间 100分钟
难易程度 高级

特色

鲜花饼的制作缘起清代，因其特色风味列为宫廷御点，深得乾隆皇帝喜爱。传统的酥皮点心制作过程有些复杂，但在尝过它的香甜味道之后，你会发现所有的麻烦都值得！

做法

主料

低筋面粉	300克
黄油	40克
糖粉	40克
玉米油	50克
糯米粉	250克

辅料

玫瑰花酱	适量

1 黄油放在室温下软化。

2 将200克低筋面粉、糖粉和软化好的黄油混合，加135毫升水揉成光滑面团，盖上保鲜膜，醒30分钟，成油面团

烹饪秘笈

不要用花生油、菜籽油等味道较重的油制作鲜花饼，玉米油的味道较轻，不会影响鲜花饼的香气。

3 100克低筋面粉加玉米油搅拌成油酥，注意油酥不要太稀，否则包好后容易漏出来。

4 将油面团和油酥各分成12等份，将小油面团擀成油面皮，用油面皮将油酥包实，封口向下拍扁。

◈ 营养贴士

食用玫瑰花含有维生素E、铁、锌、硒等营养元素，具有舒肝解郁、和血调经、滋补养颜等功效，是天然健康的滋补佳品。

5 将拍扁的面饼擀成长条，再自上而下卷成卷。

6 卷起的面团再次擀成圆形的面皮。

7 糯米粉用微波炉加热至微微发黄，与玫瑰酱混合均匀后分成12份玫瑰馅。

8 擀好的面皮包入玫瑰馅，放入预热好的烤箱180℃烤20分钟左右。

软糯喷香
南瓜芝麻球

烹饪时间 45分钟
难易程度 中等

特色

小小的芝麻球里，包裹了香甜的南瓜糯米团。经过油炸后，更加香酥可口。

主料	
南瓜	200克
糯米粉	200克

辅料	
白砂糖	适量
白芝麻	适量
食用油	适量

做法

1 南瓜去皮去子，切成小块蒸熟。

2 蒸熟的南瓜捣成南瓜泥，放凉备用。

3 南瓜泥中加入白砂糖和糯米粉，揉成面团。

4 将面团分成大小均匀的小剂子，搓圆后放到芝麻里均匀裹上芝麻粒。

5 起一锅油，烧热后将裹好芝麻的南瓜球沿着锅边滚进油锅里面。

6 炸至南瓜球开始上浮时，转小火，反复按压几次南瓜球排气。

7 待麻球炸至金黄、体积变大，即可出锅。

烹饪秘笈

裹芝麻时，先将南瓜球在芝麻里面来回滚几圈，然后拿起来再搓圆，掉一些芝麻也没关系，再次将南瓜球在芝麻里滚几圈，然后再拿起来搓圆。

营养贴士

不论黑芝麻还是白芝麻，都是营养丰富的食材。芝麻含有亚麻酸和维生素E，具有抗衰老、改善血液循环的功效，被人们称为"永葆青春的营养源"。

冬日暖心小点
奶酪焗红薯

烹饪时间 | 45分钟
难易程度 | 中等

特色
普普通通的红薯，换种烹饪方式，马上就会呈现出不一样的味道。

—— 主料 ——
红薯 ▮ 1个　　　牛奶 ▮ 20毫升
黄油 ▮ 25克

—— 辅料 ——
蛋黄 ▮ 1个　　　奶酪碎 ▮ 30克
白糖 ▮ 2茶匙

烹饪秘笈
牛奶的量可以根据红薯的干湿度适量调整。

—— 做法 ——

1 红薯洗净表层的泥土，用厨房纸巾包好保持湿润。

2 包好的红薯放入微波炉，高火转10分钟左右。取出后对半剖开。

3 用勺子挖出红薯肉，注意表皮要保留约2毫米厚的红薯肉，不要挖得太干净。

4 挖出的红薯肉用勺子压成泥，趁热加入白糖、黄油、奶酪和牛奶拌匀。

5 拌好的红薯泥用勺子填回红薯皮中。

6 表面上刷一层打好的蛋黄液，放入预热好的烤箱180℃烤20分钟至表面金黄即可。

特色

软糯的木瓜，清凉的椰汁布丁，造就红白分明的木瓜冻，看起来赏心悦目，吃下去满口清香。

—— 主料 ——

木瓜 ▎1个　　牛奶 ▎200毫升

—— 辅料 ——

椰浆 ▎50克　　吉利丁片 ▎2片
白糖 ▎30克

烹饪秘笈

如果不喜欢椰浆味道，也可以将椰浆换成鲜奶油，奶香会更加浓郁。

低热量的清凉甜点
木瓜冻

烹饪时间 ▎25分钟
难易程度 ▎中等

做法

1 吉利丁片用凉水泡软备用。

2 牛奶、椰浆、白糖搅拌均匀，小火加热至白糖完全溶化。

3 加入泡软的吉利丁片，搅拌均匀后晾凉。

4 木瓜从小的一端1/4处切开，用长一些的勺子将子全部挖干净。

5 将木瓜立着放到一个容器中，将晾凉的奶液倒入木瓜中。

6 盖上切下来的木瓜盖，也可直接包上一层保鲜膜。放入冰箱中冷藏3小时以上，食用前取出切片。

源自顺德的中华名小吃
双皮奶

| 烹饪时间 | 45分钟 |
| 难易程度 | 中等 |

特色

一碗上佳的双皮奶，其状如膏，颜色洁白，质感细腻滑嫩，味道奶香浓郁。上层奶皮甘香，下层奶皮香滑润口，故命名为"双皮奶"。

主料

全脂牛奶 ▮ 200克
鸡蛋 ▮ 2个

辅料

白砂糖 ▮ 30克

烹饪秘笈

一定要用全脂奶，这样才容易结出奶皮。简易版的双皮奶可将第一层奶皮省略，直接将牛奶、蛋清、砂糖搅匀蒸熟即可。

做法

1 把全脂牛奶倒入碗里，在碗上覆上一层保鲜膜。蒸锅内水沸后，上锅蒸10分钟左右。

2 将鸡蛋分离出蛋清，加入白砂糖搅拌均匀。

3 将蒸好的牛奶取出放凉，形成一层奶皮，并用小刀沿着碗边划一道开口。

4 小心地从开口处倒出牛奶，碗底留一点，否则奶皮会粘在碗上。

5 将牛奶倒入搅拌均匀的蛋清和糖中，再次搅拌均匀。

6 用勺子撇去蛋奶液表面的泡沫。

7 把蛋奶液缓缓沿着奶皮缺口倒回碗里，让奶皮浮在上面。

8 再次盖上保鲜膜，蒸10分钟。蒸好后不要掀开盖子，闷5分钟后再取出，这样又可以结出一层皮来，形成了二层皮。

特色

走遍泰国各处，不管是市集、餐厅甚至机场，到处都弥漫着芒果糯米饭的香甜味道，这是泰国最经典的甜食。酸甜的芒果和椰香糯米饭在嘴里能产生令你着迷的化学反应。

—— 主料 ——

泰国糯米 50g　　芒果 1个
椰浆 100毫升

—— 辅料 ——

白砂糖 1汤匙　　盐 1茶匙

烹饪秘笈

椰汁的味道比较淡，不可以用椰汁代替椰浆。

舌尖上的泰国美食
芒果糯米饭

烹饪时间 45分钟
难易程度 中等

做法

1 糯米提前浸泡3小时以上，可以提前浸泡一夜最佳。

2 椰浆放入小锅中，加入白砂糖和盐，加热至完全溶化。

3 煮好的椰浆留出1/10，其余倒入泡好的糯米中。

4 用电饭锅将糯米饭煮熟，煮好后用饭勺将饭拌得松散一些。

5 芒果去皮、核，将果肉切成厚片。

6 糯米饭先装到碗里，然后倒扣在盘子中间。将碗取下，摆好芒果片，再淋上剩余的椰浆即可。

[吃出健康系列]

[家常美食系列]

图书在版编目（CIP）数据

　　萨巴厨房. 元气素食 / 萨巴蒂娜主编. — 北京：
中国轻工业出版社，2018.6
　　ISBN 978-7-5184-1648-6

　　Ⅰ . ①萨… Ⅱ . ①萨… Ⅲ . ①素菜－菜谱
Ⅳ . ① TS972.12

　　中国版本图书馆 CIP 数据核字（2017）第 242436 号

责任编辑：高惠京　　责任终审：劳国强　　整体设计：锋尚设计
策划编辑：龙志丹　　责任校对：燕　杰　　责任监印：张京华

出版发行：中国轻工业出版社（北京东长安街6号，邮编：100740）
印　　刷：北京博海升彩色印刷有限公司
经　　销：各地新华书店
版　　次：2018年6月第1版第3次印刷
开　　本：710×1000　1/16　印张：12
字　　数：200千字
书　　号：ISBN 978-7-5184-1648-6　定价：39.80元
邮购电话：010-65241695
发行电话：010-85119835　传真：85113293
网　　址：http://www.chlip.com.cn
Email：club@chlip.com.cn
如发现图书残缺请与我社邮购联系调换
180629S1C103ZBW